KB191107

부동산 임대가 처음이라면

부동산 고수가
쉽게 알려 주는
'부동산 상식'

오봉원 지음

부동산 임대가
처음이라면

다온북스
DAON BOOKS

차 례

PART Ⅱ.
상가 임대가 처음이라면?

권말부록.
알면 알수록 돈이 되는 부동산 상식

당신의 부동산 점수는 몇 점인가요?

이 책을 구매할지, 말지 망설이는 당신, 길게 고민하지 말고 다음 문제부터 풀어봅시다. 간단한 'O, X 형식' 퀴즈입니다. 너무 오래 생각하지 말고, 떠오르는 데로 1번부터 20번까지 문제에 O 또는 X에 체크만 하면 됩니다. 자, 이제 시작합시다.

문항	내 용	O	X
1	계약갱신요구를 한 세입자와 계약 갱신을 했더라도, 그 세입자는 언제든지 집주인에게 계약해 지통고가 가능하다.	☐	☐
2	전국 모든 지역에서 전세보증금 6,000만 원을 초과하거나 월세 30만 원을 초과하면 신규, 갱신계약 모두 임대차신고를 의무적으로 해야 한다.	☐	☐
3	상생임대인 제도가 적용되는 가장 기본적인 조건은 '직전 임대차계약과 5% 이내로 올린 재계약의 임대인이 같아야 한다'라는 것이다.	☐	☐
4	상가임대와 주택임대 시 발생하는 임대소득은 어떤 경우든 소득세를 신고해야 한다.	☐	☐
5	부동산임대업의 핵심은 수익률 관리이다. 순수익은 '임대수익 - 고정지출'로 계산된다.	☐	☐
6	주택임대업은 부가가치세가 면제되는 면세사업이라는 점에서 부가가치세 신고·납부는 하지 않아도 되지만, 사업장현황신고의무가 있다.	☐	☐
7	주택임대소득 과세대상인지 아닌지를 판단할 때 주택 수 계산은 부부 합산 소유주택 수가 아니라 임대주택 수를 말한다.	☐	☐

8	주택임대소득 2천만 원을 기준으로 그보다 많으면 종합과세대상이지만, 그보다 적으면 분리과세를 선택할 수 있다.	☐	☐
9	주택임대소득 분리과세 계산 시 등록임대주택이면 수입금액의 60%를 경비로 인정받을 수 있고, 400만 원의 소득공제를 받을 수 있다.	☐	☐
10	주택임대사업자가 직전연도 수입금액이 2,400만 원을 초과해도 추계신고 단순경비율 추계신고가 가능하다.	☐	☐
11	상가건물 임대차보호법은 모든 임차인이 적용받을 수 있다.	☐	☐
12	임대차계약을 체결하면서 '신축 시 임대차계약은 종료한다'라는 특약을 기재하기도 하지만, 이는 상가 임대차보호법에 배치돼 효력이 없다.	☐	☐
13	임대료를 못 받아도, 부가가치세를 내야 한다.	☐	☐
14	상가 취득 시 취득세 과세표준은 부가가치세를 제외한 금액이다.	☐	☐
15	매입세금계산서에 사업자등록번호가 아닌 매수인의 주민등록번호가 기재되어 있어도 부가가치세 환급이 가능하다.	☐	☐
16	임대사업자 유형은 일반과세자와 간이과세자 중에서 선택할 수 있다.	☐	☐
17	상가 임대료의 10%만 부가가치세로 납부하면 된다.	☐	☐
18	임차인에게 받은 관리비, 공공요금도 임대소득에 포함한다.	☐	☐
19	감가상각비를 장부에 계상해 상가 임대소득세를 냈다면, 양도소득세 계산 시 해당 감가상각비는 취득가액에서 차감되어 양도소득세가 많이 나올 수 있다.	☐	☐
20	상가임대업을 개시해 10년 내 임의로 폐업하면 폐업 시 잔존재화에 대해 부가가치세가 부과된다.	☐	☐

수고했습니다. 답은 뒷장에 있습니다.

정답

1번	O	6번	O	11번	X	16번	O
2번	X	7번	X	12번	O	17번	X
3번	O	8번	O	13번	O	18번	X
4번	X	9번	O	14번	O	19번	O
5번	X	10번	X	15번	O	20번	O

'정답 수×5점'을 해 여러분의 점수를 계산해 봅시다. 나온 점수가 50점이 안되면 즉시 이 책을 구매해 읽어봅시다. 부동산은 아는 만큼 보이기 때문입니다.

우리는 사회초년생 시절부터 신혼부부에서 중장년에 이르기까지 살아가는 동안 부동산 거래를 합니다. 세 들어 살아가다, 내 집을 마련하고, 다시 투자를 통해 부를 늘리기 위한 수단으로 반드시 부동산 거래를 직접 한다는 말입니다. 그런데 부동산 상식은 특정한 시기가 되면 저절로 알게 되는 것이 아닙니다. 관심을 두고 배우지 않으면 평생 모를 수도 있습니다. 부동산 지식은 살면서 스스로 알아가야 합니다. 그런데 막상 배우려고 하니 매도인과 매수인, 임대인과 임차인, 이 용어들부터 헷갈립니다. 세금이나 규제는 아무리 찾아봐도 도통 무슨 말인지 이해할 수가 없습니다. 이처럼 어찌할 바를 모르는 초보 부동산 임대사업자를 위해 차근차근 알기 쉽게 설명하는 책이 있다면 어떨까요?

부동산임대업은 소유한 아파트, 오피스텔, 상가, 오피스, 토지 등 다양한 형태의 부동산을 임차인에게 임대해 정기적인 임대수익을 일으키는 사업입니다. 고정지출을 정확히 살피고 수익구조를 명확히 아는 것이 중요합니다. 부동산 임대에는 다양한 형태가 있으며, 투자목적과 지역 특성에 맞춰 선택해야 합니다. 다음 표를 참고합시다.

임대 유형	내용
월세	매월 일정한 금액을 임차인에게 받는 형태
전세	보증금을 한 번에 받고 일정 기간 후 반환하는 형태
단기임대	에어비앤비처럼 짧은 기간 동안 임대하는 형태

부동산임대업을 시작하려면 임대차보호법(세입자의 권리와 계약 내용을 보호하는 법) 같은 기본적인 법률부터 숙지해야 합니다. 또 소득이 발생하면 세금은 따라다닌다는 사실도 기억해야 하고, 임대소득세 계산법 정도는 알고 시작해야 합니다.

본 책 〈부동산 임대가 처음이라면?〉은 이런 현실 속에서 어렵게 난생처음 부동산 임대를 계획하는 독자를 위해서 주택임대업과 상가임대업으로 나눠 친절하게 설명합니다.

또 부동산을 취득 후 보유하고 매도할 때까지의 상식과 주의할 점, 그리고 각종 세금에 관한 모든 것을 한눈에 파악할 수 있어 초보 임대사업자의 걱정을 덜어준다는 것이 이 책의 장점입니다. 그동안 부동산 상담을 하면서 겪은 사례와 지식을 부동산 임대사업이 처음인 사람들에게 하나라도 더 알려주고 싶은 마음으로 집필을 했습니다.

최근 급변하는 부동산 대책으로 각종 세금 정책도 바뀌면서 조금 복잡해 보일 수도 있습니다. 그러나 걱정하지 않아도 됩니다. 큰 틀만 이해하고 나면 얼마든지 실무적으로 활용할 수 있기 때문입니다. 본 책을 통해 선택과목이 아닌 필수 과목 부동산에 대해 궁금한 점들이 해소되기를 바랍니다. 자, 그럼 이제 시작해봅시다.

PART I.

주택 임대가
처음이라면?

01

주택 임대차보호법은
세입자편이다

★ 계약갱신요구를 한 세입자와 계약 갱신을 했더라도, 그 세입자는
언제든지 집주인에게 계약해지통고가 가능하다.

O 이 문장은 O입니다. 주택 임대차보호법은 세입자를 위해
만들어진 법인 만큼 세입자에게 유리하게 적용됩니다.
계약갱신요구를 한 세입자와 계약 갱신을 했더라도, 그
세입자는 언제든지 집주인에게 계약해지통고가 가능합니다. 계약해지
통고가 집주인에게 도달한 날로부터 3개월이 지나면 효력이 발생하기
때문에 집주인은 갱신된 계약이 만료되기 전이라도 보증금을 반환해주
어야 합니다.

주택 임대차보호법은 국민의 주거 생활 안정보장을 위해 만들어진

법으로 세입자를 위한 법입니다. 그러므로 임대차 계약서 작성 시 주택 임대차보호법을 위반해 세입자에게 불리한 특약 내용이 기재되었다면 무효가 됩니다.

Q 주택 임대차보호법 상 집주인에게 불리하게 적용되는 내용은 어떤 게 있나요?

A 주택 임대차보호법 상에 존속기간을 보면 최단존속기간을 2년으로 제한하고 있습니다. 그러므로 집주인은 2년 미만으로 체결한 계약이더라도 세입자가 2년까지 거주하겠다고 하는 경우 세입자의 퇴거를 요구할 수 없습니다. 예를 들어 집주인이 세입자의 사정을 들어주어 6개월 단기계약을 하였더라도 세입자가 2년까지 거주하겠다고 하면 어쩔 수 없다는 사실입니다.

반대로 임차인은 2년 미만으로 정한 기간이 유효하다고 주장할 수 있습니다. 집주인이 주택 임대차보호법의 최단존속기간 규정을 들어 '2년까지 거주를 해야 한다'라고 주장하더라도 세입자는 계약서 내용대로 6개월 계약이 유효하다고 주장할 수 있으며, 이는 유효한 주장입니다.

Q 세입자가 계약갱신요구권을 행사하겠다고 합니다. 저는 집을 팔기 위해 내놓았고, 집을 사겠다는 사람이 있는데 어떻게 해야 하나요?

A 세입자는 임대차기간이 끝나기 6개월 전부터 2개월 전까지 집주인에게 임대차 계약 갱신을 요구할 수 있습니다. 세입자는 1회에 한하여 계약 갱신을 요구할 수 있고, 이 경우 갱신되는 임대차의 계약

기간은 2년으로 봅니다. 단, 집주인도 세입자의 계약갱신요구를 다음과 같은 경우에는 거절할 수 있습니다.

1. 세입자가 2기의 차임액(월세)에 해당하는 금액에 이르도록 차임을 연체한 사실이 있는 경우
2. 임차인이 거짓이나 그 밖의 부정한 방법으로 임차한 경우
3. 서로 합의하여 집주인이 세입자에게 상당한 보상을 제공한 경우
4. 세입자가 집주인의 동의 없이 목적 주택의 전부 또는 일부를 전대한 경우
5. 세입자가 임차한 주택의 전부 또는 일부를 고의나 중대한 과실로 파손한 경우
6. 임차한 주택의 전부 또는 일부가 멸실되어 임대차의 목적을 달성하지 못할 경우
7. 집주인이 목적 주택의 전부 또는 대부분을 철거하거나 재건축하기 위하여 목적 주택의 점유를 회복할 필요가 있는 경우
8. 집주인(집주인의 직계존속, 직계비속을 포함)이 목적 주택에 실제 거주하려는 경우
9. 그 밖에 세입자가 세입자로서 의무를 현저히 위반하거나 임대차를 계속하기 어려운 중대한 사유가 있는 경우

집을 팔기 위해 집을 내놓았고 집을 사려고 하는 사람이 만약 해당 주택에 실제 거주하려는 경우에는 세입자의 계약갱신요구를 거절할 수 있습니다. 세입자가 계약갱신요구권 행사 기간 내에 계약 갱신

을 요구하였더라도 임차주택의 새로운 집주인은 이 기간 내에는 실
거주를 이유로 세입자의 계약갱신요구를 거절할 수 있기 때문입니다.

**[Q] 계약갱신요구권을 행사한 세입자가 갑자기 사정이 생겨 계약 해지
통보를 합니다. 이럴 때는 어떻게 되는 건가요?**

[A] 다시 말하지만, 주택 임대차보호법은 세입자를 위해 만들어진 법인
만큼 세입자에게 유리하게 적용됩니다. 계약갱신요구를 한 세입자
와 계약 갱신을 했더라도 그 세입자는 언제든지 집주인에게 계약해
지통고가 가능합니다. 계약해지통고가 집주인에게 도달한 날로부
터 3개월이 지나면 효력이 발생하기 때문에 집주인은 갱신된 계약
의 계약기간이 만료되지 않더라도 보증금을 반환해주어야 합니다.

법정갱신(묵시적 갱신) 했을 때도 마찬가지입니다. 집주인이 임대
차기간이 끝나기 6개월 전부터 2개월 전까지 계약 갱신에 대한 아무
런 말이 없고, 세입자 역시 임대차기간이 끝나기 2개월 전까지 계약
연장, 해지 통보를 하지 않았을 때 묵시적 갱신으로 보아 다시 계약
기간이 2년 연장됩니다. 이런 경우에도 세입자만 언제든지 집주인
에게 계약해지통고가 가능하고, 집주인은 계약해지통고를 받은 날
로부터 3개월이 지나면 임대차 계약이 종료된 것으로 봅니다. 그러
므로 집주인이라면 세입자가 계약갱신요구권을 행사하여 계약 기간
을 연장하거나 묵시적 갱신으로 계약이 연장되었을 때는 주의를 기
울여야 합니다. 다만, 이러한 세입자를 위한 임대차보호법 내용을 세

입자가 잘 모르는 경우도 많습니다. 세입자가 계약갱신요구 또는 묵시적갱신으로 계약기간이 연장되었지만, 갱신된 계약도 계약이므로 무조건 계약기간을 다 채워야 된다고 잘못 알고 있는 경우도 허다합니다.

참고로 종전 세입자와 계속해서 임대차 계약을 유지할 생각이고, 세입자도 계약갱신을 원하는 경우라면 세입자에게 '이번 계약에 대해서는 계약갱신요구권을 행사하지 말고 다시 임대차 계약을 체결하면 2년 뒤에 계약갱신요구권을 그때 행사할 수 있어 기존 계약 기간을 포함한 최대 6년까지 살 수 있다'라고 말하는 것도 하나의 방법입니다. 지금 계약 갱신 요구권을 행사하는 경우 2년 뒤에는 계약갱신요구권을 행사할 수 없다는 점을 인지시켜주면 장기간 거주를 원하는 세입자라면 흔쾌히 받아들일 수도 있습니다. 계약갱신요구권을 사용하지 않는 조건으로 계약을 체결하게되면 기존 세입자는 새로운 세입자를 구하기전까지는 임대차 계약을 해지할 수 없으며 집주인은 계약만료일까지 보증금 반환 의무는 없습니다.

02

전월세 신고제, 임대차시장 정보가 투명하게 공개된다

★ 전국 모든 지역에서 전세보증금 6,000만 원을 초과하거나 월세 30만 원을 초과하면 신규, 갱신계약 모두 임대차신고를 의무적으로 해야 한다.

✕ → 이 문장은 X입니다. 수도권과 광역시, 세종시 등에서 전세보증금 6,000만 원을 초과하거나 월세 30만 원을 초과하면 신규, 갱신계약(계약을 갱신하는 경우로서 보증금 및 차임의 증감 없이 임대차 기간만 연장하는 계약은 제외) 모두 임대차 신고를 의무적으로 해야 합니다. 단, 임대차 거래량이 적고 소액계약 임대차 비중이 높아 신고 필요성이 상대적으로 낮은 도 지역의 군은 제외됩니다.

임대차 신고제 (혹은 전월세 신고제)는 임대차계약 당사자가 임대 기간, 임대료 등의 계약 내용을 신고하도록 해 임대차시장 정보를 투명하게 공개하고 임차인의 권리를 보호하기 위한 제도입니다. 수도권과 광역시, 세종시 등에서 전세보증금 6,000만 원을 초과하거나 월세 30만 원을 초과하면 신규, 갱신계약(계약을 갱신하는 경우로서 보증금 및 차임의 증감 없이 임대차 기간만 연장하는 계약은 제외) 모두 임대차신고를 의무적으로 해야 합니다. 서울 경기도 인천 등 수도권 전역, 광역시, 세종시 및 도(道)의 시(市) 지역이 대상이 됩니다.(임대차 거래량이 적고 소액계약 임대차 비중이 높아 신고 필요성이 상대적으로 낮은 도 지역의 군은 제외) 예를 들어 보증금 500만원에 월세 35만원에 계약을 체결한 경우 월세가 30만원을 초과하기 때문에 임대차 계약을 신고하여야 하고, 보증금 6,500만원에 계약을 체결한 경우에도 보증금이 6천만원을 초과하기 때문에 임대차 계약을 신고해야 합니다. 전세보증금 6천만원과 월세 30만원을 초과하는 기준은 둘다 만족시키는 것이 아니라 하나라도 만족되면 임대차 계약 신고를 해야 합니다.

Q 무슨 내용을 신고 하나요?

A 임대인·임차인의 인적사항, 임대목적물 정보(주소, 면적 또는 방수), 임대료, 계약 기간, 체결일 등 표준임대차계약서에 따른 일반적인 임대차계약 내용을 신고하고, 계약을 갱신할 때는 종전 임대료, 계약갱신요구권 행사 여부를 신고해야 합니다.

Q 전월세 신고제 대상 주택은 어떻게 되나요?

A 주택과 준주택, 그리고 비주택도 해당합니다. 주택이란 아파트, 다세대 등을 말하고, 준주택은 고시원, 기숙사입니다. 또 비주택이란 공장·상가 내 주택, 판잣집 등을 의미합니다.

Q 신고는 어떻게 하나요?

A 임대인과 임차인이 계약신고서에 공동으로 서명 또는 날인 해 신고합니다. 신고의 편의를 위해 둘 중 한 명이 당사자가 모두 서명 또는 날인 한 '계약서'를 제출하는 경우 공동으로 신고한 것으로 간주합니다.

임대한 주택의 관할 읍면동 주민센터를 방문해 신청하거나 비대면 온라인 (부동산거래관리시스템 사이트 접속) 신고도 가능합니다. 계약서 원본을 pdf, jpg 등 파일로 변환하거나 스마트폰으로 촬영한 사진 파일 (png)을 첨부해 신고. 접수하면 상대방에게는 문자메시지로 임대차신고 접수가 완료됐다고 통보됩니다. 또 공인중개사를 통해 대리신고도 가능합니다.

Q 계약서는 꼭 필요하나요?

A 표준임대차계약서 양식이 아니더라도 계약 내용을 확인할 수 있는 문서, 통장 입금 내역 등 계약 입증서류가 있으면 신고는 가능합니다. 다만 확정일자 부여 등 임차인 권리 보호 등을 위해 계약서를 작성하면 좋습니다.

임대차 신고 시 계약서를 제출한 경우 '주택 임대차보호법'에 따른 확정일자가 부여되는 것으로 합니다. '주민등록법'상 전입신고를 할 때 임대차계약서를 첨부하면 주택 임대차 계약 신고를 한 것으로 규정합니다. 그러므로 임차인이 전입신고를 하면 자동으로 주택 임대차 계약 신고가 된 것으로 보기 때문에 임차인이 30일 이내 전입신고를 했다면 크게 걱정하지 않아도 됩니다. 단, 보통 잔금 지급일에 임차인이 전입신고를 하기 때문에 잔금 지급일이 계약서 작성일로부터 30일 뒤라면 임대인 또는 임차인이 주택 임대차 계약 신고를 해야 합니다.

소액계약, 단기계약, 계약 갱신 등 그간 확정일자를 받지 않는 경향이 있었던 계약도 신고제를 통해 확정일자가 자동으로 부여되어 임대차 보증금 보호가 강화될 것입니다. 온라인 임대차 신고제 도입되면 확정일자를 부여받기 위해 일과 중에 주민센터를 방문해야 하는 임차인의 번거로움도 줄어듭니다. 임대차신고를 통해 확정일자를 부여받는 경우 주민센터의 확정일자 부여 시 부과하는 수수료(600원)도 면제될 예정입니다.

🅠 신고하지 않으면 어떻게 되나요?

 정해진 신고 기간 (30일 이내)을 초과해 신고하지 않거나 거짓신고하면 100만 원 이하의 과태료가 부과됩니다. 2025년 2월 시행령 개정으로 단순 실수로 인해 신고가 지연된 경우 과태료 부담이 경감됩니다. 다음을 참고합시다.

• 단순 지연 신고: 종전 최대 100만 원 → 최대 30만 원으로 완화

• 거짓신고: 기존과 동일하게 최대 100만 원 부과

참고로 2025년 5월 31일까지 과태료를 부과하지 않는 계도 기간을 운영합니다.

Q **주택임대차 계약신고(전월세 신고) 후 계약 내용이 변경되거나 계약이 해제된 경우에는 어떻게 하나요?**

A 임대차계약당사자는 주택 임대차 계약 신고를 한 후 해당 주택 임대차 계약의 보증금, 차임 등 임대차 가격이 변경되거나 해제된 때에는 변경 또는 해제가 확정된 날부터 30일 이내에 반드시 신고하여야 합니다. 30일 이내에 신고하지 않으면 위와 같이 과태료가 부과될 수 있습니다.

03

상생임대인 제도,
혜택이 연장될까?

★ 상생임대인 제도가 적용되는 가장 기본적인 조건은 '직전 임대차
계약과 5% 이내로 올린 재계약의 임대인이 같아야 한다'라는 것
이다.

○ 이 문장은 O입니다. 쉽게 말해 상생임대인 제도를 적용받
기 위해서는 집주인인 내가 처음 계약한 임차인과 2년 후
재계약 (5% 임대로 인상)을 하면 된다는 소리입니다. 그
러면 2년 거주요건을 면제받아 양도소득세 비과세를 적용받을 수 있고,
최대 80% 장기보유특별공제를 적용받을 수 있습니다.

2021년 12월 도입한 상생임대인 제도는 임대인이 전세 재계약 때 직전 계약 대비 5% 이내에서 임대료를 올릴 때, 양도소득세 비과세를 위한 거주요건을 2년에서 1년으로 완화해주는 게 핵심 내용입니다. 2017년 8월 이후 서울 등 조정대상지역에서 취득한 주택을 양도할 때, 비과세 조건이 되려면 2년 이상 거주하는 실거주 요건을 채워야 하는데 이 기간을 줄여주겠다는 것입니다. 하지만 도입 당시 시장에선 실효성 논란이 컸습니다. 1가구 1주택자에만 해당하고, 임대 개시 시점의 공시가격이 9억 원 (시세 12억~13억 원) 이하 주택의 전세로만 대상을 한정하는 등으로 적용대상이 많지 않았기 때문입니다. 가장 많은 전세 물량을 공급하는 임대사업자나 다주택자에게는 해당 사항이 없어 시장 안정화에 별 도움이 안 될 것이란 지적이 많았습니다.

이런 상생임대인 제도의 세부 내용은 대폭 수정했습니다. 기존 상생임대인 조건을 대폭 완화해 '임대 시점 1세대 1주택자', '9억 원 이하 주택'이라는 상생임대인 인정 요건은 폐지하고, 대신 '임대개시 시점에 다주택자라도 향후 1주택자 전환 계획'이 있으면 된다고 바꿨습니다. 다시 말해 현재 2주택자이건 3주택자이건 상관없이, 향후 임대를 놓는 1주택만 제외하고 판다는 조건만 맞으면 상생임대인 혜택을 주기로 했습니다. 제도 적용 기간도 2026년 12월 31일로 2년 연장했습니다. 또 개정된 조건에 따르면 상생임대인에 대한 혜택도 늘었습니다. 이전 제도에선 양도소득세 비과세를 적용받기 위해 실거주 요건을 2년에서 1년으로 줄여주는 정도였지만, 이번엔 아예 2년 거주요건을 없앴습니다. 최대 80% 장기보유특별공제를 받기 위한 조건에도 2년 거주요건을 면제했습니다.

양도소득세 면제를 위한 실거주 요건이 없어지면, 무주택자들이 전세를 끼고 집을 살 때 선택할 수 있는 범위가 대폭 넓어집니다. 무주택자가 집을 한 채 사서 임대를 놓는 방식의 갭투자를 도모할 여건이 좋아진다는 말입니다.

그리고 2026년 5월 9일까지 시행하는 한시적 다주택자 양도소득세 중과유예 매물을 받아줄 수요자가 확대됐다는 의미도 있습니다. 양도소득세 중과유예 매물을 받아주는 갭투자 수요가 늘면서 매매시장을 활성화하는 절묘한 대책이 될 수 있습니다.

무주택자들이 상생임대인 제도를 활용해 갭투자 할 수 있는 주택은 2024년 12월 이내 전세 계약이 만료되는 주택으로 한정됩니다. 그 이유는 상생임대인 제도가 적용되는 가장 기본적인 조건이 임대차 '직전 계약과 5% 이내로 올린 재계약의 임대인이 같아야 한다'라는 것입니다. 쉽게 말해 집주인인 내가 처음 계약한 임차인과 2년 후 재계약 (5% 임대로 인상)을 하면 됩니다. 이는 사실 현재 시행 중인 임대차 2법을 따르면 된다는 소리입니다.

다만 가장 큰 변수는 이 제도가 2026년 12월 31일까지만 시행된다는 것입니다. 예를 들어 A씨가 2024년 8월 전세 계약이 1년 남은 아파트를 '갭투자'로 샀다고 합시다. 이 아파트에는 2025년 8월 전세가 만료되는 세입자가 있습니다. A 씨는 이 아파트 세입자와 2025년

8월 재계약을 할 때 5% 이내로 인상한다고 해도 상생임대인이 되지 못합니다. 이 아파트 세입자와 직전 계약을 한 사람은 전 집주인이기 때문입니다. A씨가 상생임대인이 되려면 기존 세입자든 새로 세입자를 구하든 전세 계약을 새로 한 후, 법이 정한 최소한의 전세 기간 (합의를 했다면 1년 6개월도 가능)을 유지해 2026년 12월 31일 전에 5% 인상 계약 갱신을 해야 합니다. 그런데 A 씨의 경우 2025년 8월 이후면 세입자와 계약이 만료되기 때문에 2026년 12월 31일까지 자신이 계약한 세입자와 최소 전세 거주기간을 채우지 못해 결과적으로 상생임대인이 되지 못합니다. 따라서 상생임대인 혜택을 이용해 갭투자를 하려는 무주택자들은 2024년 말까지 전세 계약이 끝나는 주택 가운데 대상을 찾아야 했습니다.

만약 상생임대인 제도가 다시 2년 연장되어 2028년 12월 31일까지 연장이 된다면 2026년 말까지 전세 계약이 끝나는 주택 가운데 대상을 찾으면 2년 거주요건을 면제받아 양도소득세 비과세를 적용받을 수 있고, 최대 80% 장기보유특별공제를 적용받을 수 있습니다.

04

상가임대업과 주택임대업은
어떤 차이가 있나?

★ 상가임대와 주택임대 시 발생하는 임대소득은 어떤 경우든 소득
세를 신고해야 한다.

 이 문장은 X입니다. 상가임대는 사업자등록을 해야 하고
이때 발생하는 임대소득은 소득세를 신고하는 것이 원칙
입니다. 그런데 주택임대는 비과세와 분리과세 등 상가임
대와 비교해 상대적으로 큰 혜택을 주고 있어 모든 경우에 소득세 신고를
해야 하는 것은 아닙니다.

부동산 임대사업은 크게 2가지로 구분할 수 있습니다. 먼저 주변

에서 쉽게 볼 수 있는 상가임대가 있으며, 다음은 주택임대입니다. 상가임대는 사업자등록을 해야 하고 이때 발생하는 임대소득은 소득세를 신고하는 것이 원칙입니다. 그런데 주택임대는 조금 다릅니다. 실거주와 직접 관련이 있고, 대부분 사업자 규모가 영세하기 때문에 이에 대해서는 비과세와 분리과세 등 일반임대와 비교해 상대적으로 큰 혜택을 주고 있습니다. 주택임대소득에 대한 소득세 과세 방식은 다음과 같이 정리할 수 있습니다.

- 일부 소득에 대해서는 비과세를 적용한다.
- 일부 소득에 대해서는 분리과세를 적용한다.
- 이 외 소득에 대해서는 종합과세를 적용한다.

주택임대소득도 사업소득으로서 과세대상입니다. 하지만, 일정 기준에서 비과세 적용이 가능합니다. 구체적으로 주택임대소득 중 월세 소득은 부부 합산 1주택이면서 기준시가 12억 원 이하의 주택이라면 비과세를 적용받을 수 있습니다. 주택 전세보증금에 대해서도 일정 이자율을 곱한 금액을 임대소득으로 보는데, 이 경우는 부부 합산 3주택 이상이고 보증금 합계액이 3억 원 초과이면 과세대상이 됩니다. (참고로 2026년 1월 1일부터 기준시가 12억 원을 초과하는 고가주택을 2채 이상 보유하고 있으며, 그중 1채의 전세보증금이 12억 원을 초과하는 경우 해당 보증금에 대해 간주임대료 소득세가 부과됩니다.)

과세대상 주택임대소득이더라도 연간 2,000만 원 이하일 경우 분리과세를 선택할 수 있습니다. 하지만 연간 2,000만 원을 초과하는 주택임대소득은 다른 종합소득과 합산해 누진세율(6~45%)로 세금을 신고·납부해야 합니다.

ⓠ 분리과세란 무엇인가요?

Ⓐ 분리과세란 다른 종합소득과 합산하지 않고, 다음과 같이 14% 소득세율(지방소득세 별도)을 적용하는 방식입니다.

- 주택임대 소득세 = (분리과세 주택임대 소득금액 - 공제금액) ×
14%(지방소득세 별도)

여기서 주택임대 소득금액은 임대수입에서 필요경비를 뺀 금액입니다. 필요경비는 임대수입 중 60%(등록사업자) 또는 50%(미등록사업자) 상당액을 말하며, 공제금액은 등록사업자는 400만 원, 미등록사업자는 200만 원을 차감합니다. (만일 주택임대소득 외의 소득금액이 연간 2천만 원을 넘어가면 이 공제금액은 0원이 됩니다.)

마지막으로 종합과세는 임대소득을 근로소득이나 사업소득 등에 합산해 6~45%의 세율로 과세하는 방식을 말합니다.
참고로 상가임대소득은 비과세나 분리과세는 없고 무조건 종합과세합니다.

05

세후 수익률이
중요하다

★ 부동산임대업의 핵심은 수익률 관리이다. 순수익은 '임대수익
고정지출'로 계산된다.

→ 이 문장은 X입니다. 대부분 사람이 수익률을 계산할 때
투자한 '실제 투자금 대비 발생한 수익(수익/실투자금)'
만으로 계산합니다. 세테크를 잘 한다는 말은 곧 최종수익
률을 높인다는 것입니다. 제대로 된 세테크는 양도소득세, 종합소득세,
재산세 등 이후의 세금까지 고려하는 것입니다. 어차피 최종 수익은 세
금을 내고 난 세후 이익이기 때문입니다. 따라서 세후 수익률이 중요합
니다.

7천만 원 대출(대출금리 연 3.0% 가정)을 받아 1억 원짜리 집을 산 뒤, 보증금 2,000만 원에 월세 30만 원으로 세를 놓았다가, 1억 2,000만 원에 팔았다고 가정해서 수익률을 계산해 봅시다. 이런 경우에는 임대 수익과 매매 수익이 발생하고, 각각 수익률은 다음과 같이 '순이익/실투자금'으로 계산합니다.

- 실투자금 - 매입금액 1억 원 - (대출금 7,000만 원 + 전세보증금 2,000만 원) = 1,000만 원

- 임대 수익 - (30만 원 × 12개월) - (대출금 7,000만 원 × 대출금리 연 3.0%) = 150만 원

- 매매 수익 - 매도가액 1억 2,000만 원 - 취득가액 1억 원 = 2,000만 원

- 임대 수익률 - (임대 순이익 150만 원 / 실투자금 1,000만 원) × 100 = 15%

- 매매 수익률 - (매매 순이익 2,000만 원 / 실투자금 1,000만 원) × 100 = 200%

많은 사람이 이런 식으로 수익률을 계산하고, 나쁘지 않다고 결론 내립니다. 부동산임대업의 핵심은 수익률 관리입니다. 부동산을

매입할 때, 예상되는 임대수익과 모든 지출을 포함해서 계산해 적절한 투자 결정을 내려야 합니다. 순수익은 다음과 같이 부대비용과 세금을 포함해 계산해야 합니다.

> 순수익 = 임대수익 – 고정지출 – 부대비용 - 세금

- 임대수익: 세입자에게 받는 월세 또는 전세금
- 고정지출: 대출 이자, 건물 유지보수비 등
- 부대비용: 중개사 수수료, 법무 비용 등
- 세금: 취득세, 재산세, 소득세 등

세테크를 잘 한다는 말은 곧 최종수익률을 높인다는 것입니다. 제대로 된 세테크는 양도소득세, 종합소득세, 재산세 등 이후의 세금까지 고려하는 것입니다. 어차피 최종 수익은 세금을 내고 난 세후 이익이기 때문입니다. 따라서 수익률 계산은 이 모든 비용을 고려해 다시 해야 합니다.

실제로는 매입, 매도, 임대차계약 시 중개수수료, 등기비용, 법무비용, 도배, 장판 등의 수선비용으로 대략 250만 원은 더 지출될 것입니다. 그뿐 아니라 집을 살 때 취득세, 보유 시 재산세, 팔 때 내는 양도소득세, 임대수익에 대한 종합소득세 등도 고려해야 합니다. 이 모든 세금을 합쳤을 때 약 300만 원이라고 가정하면, 각종 비용과 세금을 더해 550만 원의 돈이 더 지출됩니다. 그럼 수익률 계산을 다시 해봅시다.

- 실투자금 - 매입금액 1억 원 - (대출금 7,000만 원 + 전세보증금 2,000만 원) + 세금 포함 각종 비용 550만 원 = 1.550만 원

- 임대 수익 - (30만 원 × 12개월) - (대출금 7,000만 원 × 대출금리 연 3.0%) = 150만 원

- 매매 수익 - 매도가액 1억 2,000만 원 - 취득가액 1억 원 = 2,000만 원

- 임대 수익률 - (임대 순이익 150만 원 / 실투자금 1,550만 원) × 100 = 9.7%

- 매매 수익률 - (매매 수익 2,000만 원 / 실투자금 1,550만 원) × 100 = 129%

어떤가요? 세금과 부대비용을 포함해서 계산해 보니 훨씬 낮은 수익률이 나왔습니다. 세금은 투자자의 최종 수익률을 결정하는 아주 중요한 요소입니다.

Q 그럼 세테크를 하기 위해선 결국 세금을 계산할 줄 알아야 하는데, 어렵지 않나요?

A 생각만큼 어렵지 않습니다.

부동산 임대가 처음이라면

모든 세금은 '과세표준 × 세율'이란 공식으로 계산됩니다. 그러므로 세금을 줄이기 위해서는 과세표준의 크기를 줄이거나 세율을 낮추면 됩니다. 간단하죠? 그럼 하나하나 살펴봅시다.

06

사업장 현황신고
직접 해보자

★ 주택임대업은 부가가치세가 면제되는 면세사업이라는 점에서 부
가가치세 신고·납부는 하지 않아도 되지만, 사업장 현황신고의무
가 있다.

O → 이 문장은 O입니다. 부가가치세가 면제되는 주택임대
업은 면세사업이므로 부가가치세 신고·납부의무는 없지
만, 사업장 현황신고 의무가 있습니다. 주택임대사업자는
해당 사업의 현황을 해당 과세기간(전년도 1월 1일~12월 31일)의
다음 연도 2월 10일까지 사업장 소재지 관할 세무서장에게 신고해야 합
니다.

Q 국세청이 보낸 종합소득세 신고 관련 해명자료 제출 안내문을 받았습니다. 내용을 보니 주택임대소득이 있었는데도, 종합소득세 신고를 하지 않았으니, 기한후신고·납부를 하라는 안내입니다. 2023년 귀속분이니 2024년 2월 사업장 현황신고와 5월 종합소득세신고를 하지 않아서 나온 안내문 같습니다. 도대체 과세당국은 이런 내용을 어떻게 아는 걸까요?

A 앞서 말한 주택임대차 계약 신고제, 흔히 전월세 신고제라고 알고 있습니다. 임대인과 임차인 중 1명이 주민센터에 신고하면 이 신고 내용이 국세청으로 넘어가는 것입니다. 또 세입자가 직장인이라면 연말정산 시 월세 세액공제를 적용받을 수 있습니다. 이때 임대차 계약서 내용을 바탕으로 임대인의 주민등록번호 또는 사업자번호가 반영되므로 과세당국은 임대인에 대한 정보를 수집할 수가 있습니다. 어쨌든, 자료가 나온 이상 계속 숨길 수만은 없습니다.

주택임대업은 부가가치세가 면제되는 면세사업이라는 점에서 부가가치세 신고·납부의무는 없지만, 사업장 현황신고의무가 있다고 말했습니다.

주택임대 사업장 현황신고는 주택임대사업자로 등록하지 않아도 하는 편이 좋습니다. 꼭 해야 하는 의무사항은 아니지만, 5월 종합소득세 신고 시에 조금 더 빠른 신고, 납부를 위해 하는 과정이라 생각해도 좋을 것 같습니다. 주택임대사업자로 등록하지 않았더라도, 주택임대를 통한 소득이 발생했다면 임대소득세 납부를 해야 하기 때문입니다.

Q 사업장 현황신고는 언제까지 해야 하나요?

A 주택임대사업자는 해당 사업장의 현황을 해당 과세기간 (전년도 1월 1일~12월 31일)의 다음 연도 2월 10일까지 사업장 소재지 관할 세무서장에게 신고해야 합니다.

Q 사업장 현황신고 혼자 해도 되나요?

A 물론 가능합니다. 사업장 현황신고 방식은 다음 세 가지 방법 중 원하는 것을 선택해서 하면 됩니다.

1. 세무서방문
2. 홈택스 이용
3. 세무대리인 위임

혼자서 홈택스를 통해 신고하려면 다음 순서를 따라가면 됩니다. 사업장 현황신고는 어렵지 않아서 홈택스를 이용해 직접 사업장 현황신고를 해도 충분합니다.

홈택스를 통한 신고 경로

신고/납부 → 일반신고 → 사업장 현황신고 → 사업장 현황신고서 작성하기 또는 파일변환 신고하기

먼저 홈택스에 접속, 로그인합니다. (로그인 방법 : 공동인증서, 금융

인증서, 간편인증, 아이디, 생체인증 등으로 가능합니다.) 그리고 다음과 같은 순서로 신고서를 제출하면 됩니다.

1. 기본정보 입력

    (여기서 무실적 사업자는 '무실적 신고'를 클릭하면 됩니다.)

2. 수입금액 내역 (수입금액 검토표) 작성

3. 신고서 제출하기 클릭

〈2024년 귀속 사업장 현황신고서 작성사례〉

▶ 임대 현황(3채 모두 비소형 주택으로 간주임대료 총수입금액 산입대상임)

구분	A 주택	B 주택	C 주택
소재지	부산 0구 00동 00-00	부산 0구 00동 00-00	부산 0구 00동 00-00
임대 기간	2023년 1월 1일~ 2024년 12월 31일	2022년 7월 1일~ 2024년 6월 30일	2024년 7월 1일~ 2026년 6월 30일
보증금	2억 원	2억 5천만 원	3억 원
월세	60만 원	40만 원	20만 원

▶ 임대료 수입금액(2024년 귀속)

월세 수입금액

- A 주택: 60만 원 × 12개월 = 720만 원

- B 주택: 40만 원 × 6개월 = 240만 원

- C 주택: 20만 원 × 6개월 = 120만 원

▶ 간주임대료 수입금액

구분	1월 1일~6월 30일	7월 1일~12월 31일	계
A 주택 보증금	2억 원	2억 원	
B 주택 보증금	2억 5,000만 원	-	
C 주택 보증금	-	3억 원	
보증금 등 합계	4억 5,000만 원	5억 원	
간주임대료	156만 2,054원 (4억 5,000만 원-3억 원) × 0.6 × 181일/365일 × 3.5%	211만 7,260원 (5억 원-3억 원) × 0.6 × 184일 / 365일 × 3.5%	367만 9,314원

부동산 임대가 처음이라면

07

모든 주택임대업자가
세금을 내지는 않는다

★ 주택임대소득 과세대상인지 아닌지를 판단할 때 주택 수 계산은
부부 합산 소유주택 수가 아니라 임대주택 수를 말한다.

→ 이 문장은 X입니다. 주택임대소득 과세대상 여부를 판
단할 때, 주택 수는 본인과 배우자가 소유한 모든 주택을
합산해 판단합니다.

 타인에게 부동산을 임대하고 이를 통해 얻는 소득을 임대소득이
라고 합니다. 대표적으로 상가와 주택을 생각할 수 있습니다. 다시
강조하지만, 상가임대소득은 무조건 과세하므로 사업자는 모두 관

할 세무서에 신고하고 사업자등록을 해야 합니다. 이에 비교해 주택임대소득은 일정 요건이 되어야 과세대상이 됩니다. 그 이유는 우리의 주거환경과 직결되는 것으로, 일정 이하의 소득에 대해서는 과세를 하지 않기 때문입니다.

구체적으로 주택임대소득 과세 요건을 보면 월세 소득의 경우 1주택자는 비과세하고 2주택부터 과세합니다. 월세를 주는 한 채까지는 세금을 내지 않아도 된다는 이야기입니다. (다만 1주택자도 예외적으로 고가주택을 소유했다면 비록 집이 한 채라도 과세대상이 됩니다. 이때 고가주택의 기준은 기준시가 12억 원 초과 주택입니다.)

> **Q 전세보증금을 받는 경우는 어떻게 되나요?**

> **A** 월세 소득에만 과세하면 전세보증금 소득과의 형평성이 맞지 않습니다. 그러므로 전세보증금에 의해 발생하는 수익을 임대료로 간주해 과세하는 간주임대료를 통해 과세하고 있습니다.
>
> 만약 전세로만 임대하고 있다면 2주택까지는 과세대상이 아니고, 3주택부터 다음처럼 간주임대료를 통해 세금을 적용합니다. 참고로 2026년 1월 1일부터 기준시가 12억 원을 초과하는 고가주택을 2채 이상 보유하고 있으며, 그중 1채의 전세보증금이 12억 원을 초과하는 경우 해당 보증금에 대해 간주임대료 소득세가 부과됩니다.

· 간주임대료 = (보증금 적수의 합 − 3억 원) × 60% × 임대 기간 일수/365일 × 정기예금이자율 (2024년 기준 3.5%)

위 계산법을 풀어서 설명하면 부부 합산 3주택 (전용면적 40㎡ 이하, 기준시가 2억 이하 소형주택 제외) 이상일 때, 보증금 합계액 3억 원을 초과하는 금액의 60%에 대해 적정이자율(2024년 귀속 3.5%)을 곱해 간주임대료를 계산합니다.

세금을 매기는 기준이 되는 주택 수를 계산하는 것이 중요합니다. 주택 수와 가격, 면적, 전세냐 월세냐에 따라 세금이 다르기 때문입니다.

먼저, 부부의 주택 수는 합산하되 자녀의 주택 수는 합산하지 않습니다. 따라서 남편과 아내가 각각 한 채씩 가지고 있다면 이 집은 2주택자가 되는 것입니다. 가령 부부가 거주하는 한 채가 있고, 세를 주는 한 채가 있는 경우라면 과세 요건에 따라 월세를 주고 있을 때는 과세대상이고 전세로만 임대한다면 비과세가 됩니다. 주택 수 판단은 부부 기준으로 하되 세금 계산 자체는 별개로 한다고 생각하면 됩니다.

Q **주택임대소득 과세대상인지 판단할 때 주택 수는 소유주택 수인지, 아니면 임대주택 수인가요?**

A 주택임대소득 과세대상 여부는 본인과 배우자의 소유주택 모두를 합산해 판단합니다.

Q **다가구주택 1채만 있습니다. 1주택자인가요?**

A 구분등기가 되지 않은 다가구주택 1채는 1주택으로 보고 기준시가 12억 원을 초과하지 않으면 비과세됩니다. 기준시가 12억 원을 초과하면 월세 소득은 과세대상이 됩니다.

Q 이사 등으로 일시적으로 2주택을 소유해도 과세하나요?

A 2주택 소유 기간에 월세 임대수입은 소득세가 부과됩니다.

Q 미혼인 본인이 소유한 주택 1채를 임대하고, 부모님 소유주택에서 거주하는 경우 임대소득세 과세대상인가요?

A 주택임대소득 과세대상 여부 판단 시 주택 수는 부부 합산하나 직계존비속이 소유한 주택 수는 포함하지 않습니다.

따라서 미혼인 본인이 주택 1채만 소유하고 있다면 임대소득세 과세대상에 해당하지 않으며, 기혼자도 본인과 배우자의 주택 수를 합산해 1채라면 과세대상이 아닙니다. 다만 본인 소유주택의 기준시가가 12억 원을 초과하고 월세 임대수입이 있다면 소득세가 부과되며, 국외주택을 소유하고 월세 임대수입이 발생하는 때에도 과세대상입니다.

Q 부부 합산 4주택을 소유하고 있지만 3채는 주거전용면적이 40㎡ 이하이면서 기준시가가 2억 원 이하이고, 1채만 기준시가가 3억 원입니다. 4주택 모두 보증금만 받아도 임대소득세가 부과되나요?

A 2026년 12월 31일까지 소형주택(주거 전용 면적이 40㎡ 이하이면서 기준시가가 2억 원 이하)은 간주임대료 과세대상을 판단할 때 주택 수에 포함되지 않으므로 보증금 등에 대한 간주임대료가 부과되지 않습니다. 다만, 소형주택도 월세 임대수입은 과세대상입니다.

Q **몇 개월 치의 임대료를 미리 받은 선세금의 경우 총수입금액 계산은 어떻게 하나요?**

A 다음과 같습니다.

> · 선세금 총수입금액 = 1개월분의 임대료(선세금/계약 기간 월수) ×
> 해당연도 임대 기간 월수

(월수: 당해 계약 기간의 개시일이 속하는 달이 1월 미만일 때 1월, 당해 계약 기간의 종료일이 속하는 달이 1월 미만일 때 0월로 계산)

예를 들어 '2024년 4월 13일 ~ 2025년 4월 12일' 기간 동안 1,200만 원의 선세금을 받고 주택임대를 했다면, 2024년 총수입금액은 다음과 같이 900만 원입니다.

· 선세금 총수입금액 = 1개월분의 임대료(선세금/계약 기간 월수) × 해당연도 임대 기간 월수 = [(1,200만 원/12개월) × 9개월] = 900만 원

08

분리과세를 이용해
절세하자

★ 주택임대소득 2천만 원을 기준으로 그보다 많으면 종합과세대상
이지만, 그보다 적으면 분리과세를 선택할 수 있다.

O → 이 문장은 O입니다. 주택을 임대하면서 발생한 수익,
다시 말해 월세, 간주임대료 수입 등을 말합니다. 이 수입
금액이 연간 2천만 원을 초과하면 종합과세하고, 2천만 원
이하이면 분리과세 (2018년까지는 비과세)가 가능합니다.

임대소득(수입금액)과 임대소득금액을 혼용해서 쓰는 때가 있습
니다. 단어 하나 차이로 큰 금액의 세금의 부과될 수도 있는 만큼 정

확한 용어를 쓰는 습관을 들이는 게 좋습니다. 임대소득과 임대소득금액은 다음처럼 뜻이 다른 단어입니다.

• **수입금액 (임대소득)** – 주택을 임대하면서 발생한 수익으로 월세, 간주임대료, 관리비 수입 등을 말합니다. 이렇게 계산된 수입금액이 연간 2천만 원을 초과하면 종합과세, 2천만 원 이하이면 분리과세 (2018년까지는 비과세)됩니다.

• **임대소득금액** – 수입금액에서 비용을 차감한 금액입니다. 당연히 비용 차감 후 금액이므로 수입금액보다는 적습니다. 참고로 임대주택등록사업자에게는 필요경비가 60%, 미등록사업자에게는 50%를 차등 적용됩니다.

주택임대소득 과세체계를 이해하기 위해서는 먼저 임대소득 '수입금액'에 대해 이해할 필요가 있습니다. 전·월세 등 주택을 임대하면서 발생하는 수입을 의미합니다. 이 금액을 정확하게 계산할 필요가 있습니다. 아래 단계를 따라가 봅시다.

1. 먼저 보유하고 있는 부부 합산 주택 수를 계산해야 합니다.

2. 주택 수에 따른 수입금액 계산은 다음과 같습니다.
   • 1채 – 비과세 (기준시가 12억 원을 초과하는 고가주택은 월세에 대해 과세)

- 2채 – 월세만 과세 (2026년 1월 1일부터 기준시가 12억 원을 초과하는 고가주택을 2채 이상 보유하고 있으며, 그중 1채의 전세보증금이 12억 원을 초과하는 경우 해당 보증금에 대해 간주임대료 소득세가 부과)
- 3채 이상 – 월세 + 간주임대료(보증금 3억원 초과분)에 대해 과세

3. 위에서 계산된 수입금액을 바탕으로 2천만 원을 초과하면 종합과세, 2천만 원 이하이면 분리과세 됩니다.

앞서 말한 것처럼 분리과세는 다른 소득에 합산하지 않고 해당 소득에 대해서 독자적인 과세 체제로 과세하는 방식을 말합니다. 부동산 임대소득은 개인별로 연간 주택임대소득이 2천만 원 이하일 때 적용됩니다. 이때 다음 계산식과 같이 14%를 적용하여 과세합니다. (본인 선택에 따라 종합과세로 신고할 수도 있습니다.) 분리과세 하면 다른 소득과 합산하지 않으므로 과세표준이 낮아지므로 세율도 낮아지고, 세금 부담은 가벼워지게 됩니다.

> - (수입금액 – 필요경비 – 공제금액) × 14%

이때 필요경비는 임대수입 중 60%(등록사업자) 또는 50%(미등록사업자) 상당액을 말하며, 공제금액은 등록사업자는 400만 원, 미등록사업자는 200만 원을 차감합니다. (만일 주택임대소득 외의 소득금액이 연간 2천만 원을 넘어가면 이 공제금액은 0원이 됩니다.)

Q 주택 수가 3채입니다. 1채는 거주하고 있고 나머지 2채는 월세를 주고 있습니다. 한 달 동안 월세 수입은 150만 원입니다. 월세를 주고 있는 주택은 전용면적 40㎡ 이하, 기준시가 2억 원 이하 소형주택입니다. 수입금액 계산은 어떻게 하나요?

A 먼저 주택 수가 3채이므로 소득세 과세대상이고, 수입금액(월세 + 간주임대료)부터 계산해야 합니다. 다음과 같이 계산하면 연간 수입금액은 1,800만 원입니다.

- 월세 수입금액: 150만 원 × 12개월 = 1,800만 원
- 간주임대료: 월세를 주는 2채가 소형주택이므로 간주임대료 계산은 제외

Q 작년에 결혼한 직장인입니다. 2년 전부터 보유하고 있던 기준시가 9억 원짜리 아파트에 신혼집을 차렸습니다. 그런데 배우자도 결혼 전부터 월세를 받고 있던 7억 원 아파트를 소유하고 있어서 2주택자가 됐습니다. 1주택자라면 7억 원 주택의 월세는 임대소득세가 비과세되지만, 2주택자는 소득세를 부과한다고 들었습니다. 맞는 건가요? (임대 현황과 저와 배우자의 연봉은 다음과 같습니다.)

- 배우자 집에서 발생한 임대소득: 보증금 1억 원, 월세 160만 원
- 배우자 연봉: 원천징수영수증 - 7,800만 원

A 결혼 전에는 세금을 내지 않아도 됐지만, 결혼 후에는 부부 합산 2 주택이므로 월세 수입에 대해서는 세금을 내야 합니다.

임대소득 수입금액이 1,920만 원(160만 원 × 12개월)이므로 종합과세를 할지 분리과세를 할지 판단해야 합니다. 배우자의 연봉이 7,800만 원이면 근로소득공제를 하고 난 뒤 근로소득 금액은 6,435만 원입니다. 이 경우 배우자가 임대소득을 종합과세로 할 때 적용될 소득세율 구간은 24%입니다. 분리과세 세율 14%보다 높아 분리과세로 신고하는 것이 유리합니다. 임대소득 외 다른 소득이 있다면 분리과세가 대부분 유리합니다.

Q 월세 수입은 전혀 없고 오로지 전세만 놓았을 때, 보증금 합계가 얼마를 넘지 않아야 분리과세 대상인가요?

A 다시 말해 간주임대료가 2,000만 원을 넘지 않으려면 보증금 합계액이 얼마까지로 책정하면 될까를 물어보는 질문입니다. 간주임대료 계산 공식을 뒤집으면 답이 나옵니다. (정기예금이자율 3.5%라고 가정)

- 전세보증금 합계액 = [2,000만 원 / (60% × 정기예금이자율 3.5%)] + 3억 원 ≒ 약 12억 5,238만 원

전세보증금 합계액이 약 12억 5,238만 원 이하이면 간주임대료가 2천만 원 이하가 되어 분리과세 신고가 가능합니다. 그러므로 전

세를 한 두 채 놓았다고 벌써 간주임대료부터 걱정할 필요는 없어 보입니다. 물론 월세 수입이 있다면 위의 공식에 2천만 원이 아니라 2천만 원에서 월세 수입을 뺀 금액을 대입해야 합니다.

09

주택임대사업자로 등록해서
세금을 줄이자

★ 주택임대소득 분리과세 계산 시 등록임대주택이면 수입금액의
60%를 경비로 인정받을 수 있고, 400만 원의 소득공제를 받을
수 있다.

O → 이 문장은 O입니다. 주택임대 총수입금액이 2,000만
원 이하일 때는 분리과세를 선택할 수 있습니다. 이때 등
록임대주택이라면 수입금액의 60%를 경비로 인정받을
수 있습니다. 그리고 400만 원의 소득공제를 받을 수 있습니다.

Q 주택임대사업자 등록은 어떻게 하나요?

주택임대사업자는 민간임대주택법과 세법에 따라 등록을 해야 합니다. 등록 절차는 다음과 같습니다.

1. 주택임대사업자등록

거주지 시, 군, 구청에서 등록합니다. 신청 시기는 등기이전, 잔금 지급 전에 해야 합니다. 필요서류는 임대사업자등록신청서 (임대보증금과 임대료 등을 정확히 기재, 거짓으로 작성 시 과태료 발생), 매매계약서 사본 등이 필요합니다.

2. 임대차계약 체결

표준임대차계약서 양식을 사용합니다. 필요서류는 표준임대차계약서 원본, 임차인 주민등록등본입니다.

3. 취득세 감면신청

물건지 시, 군, 구청 세무과에서 합니다. 취득일로부터 60일 이내 신청해야 합니다. 필요서류는 지방세액 감면신청서, 주택임대사업 등록증입니다.

4. 임대요건 신고

거주지 시, 군, 구청 주택과에서 합니다. 임대개시 10일 전까지 해야 합니다. 필요서류는 임대요건 신고서, 표준임대차계약서입니다.

5. 사업자등록 신청

거주지 세무서에서 합니다. 임대개시 20일 이내 신청해야 합니다. 필요서류는 주택임대사업등록증, 사업자등록신청서, 임대차계약서 등입니다.

분양권 상태에 있거나 재건축, 재개발 중 입주권 상태에서도 임대등록은 가능합니다. 그러나 의무임대 기간의 기산이나 각종 세법을 적용할 때에는 실제 임대개시일로부터 시작한다는 사실에 주의해야 합니다.

> **Q** 표준임대차계약서를 제출하지 않고 시중의 일반 계약서를 제출하면 문제가 없나요?

> **A** 표준임대차계약서를 제출하지 않으면 과태료 적용대상입니다.

주택임대 총수입금액이 2,000만 원 이하일 때는 분리과세를 선택할 수 있다고 했습니다. 이때 수입금액의 50%를 경비로 인정받을 수 있습니다. 그런데 등록임대주택이라면 수입금액의 60%를 경비로 인정받을 수 있습니다.

그리고 분리과세 선택 시 200만 원의 소득공제를 받을 수 있습니다. 그런데 등록임대주택이면 400만 원의 소득공제를 받을 수 있습니다. 다음 표를 참고합시다.

분리과세 선택 시 주택임대 소득세 계산 비교

	미등록	등록
과세표준	수입금액 - 필요경비(50%) - 공제금액(200만 원)	수입금액-필요경비(60%) - 공제금액(400만 원)
세율	15.4% (지방소득세 포함)	

만약 주택임대소득 외의 다른 소득금액이 연간 2천만 원을 넘어가면 공제금액은 0원이 됩니다.

등록임대주택의 요건은 다음과 같습니다.

1. 지자체와 세무서 양쪽 모두에 임대사업자 등록을 할 것
2. 임대보증금 또는 임대료의 증가율이 5/100를 초과하지 않을 것
   (임대계약 체결 또는 임대료 증액 후 1년 이내 재증액 불가)

Q 세무서와 지방자치단체에 등록한 주택임대사업자이고, 연간 임대 수입금액이 1,000만 원입니다. 소득세는 얼마나 나올까요?

A 결론부터 말하자면 낼 세금이 없습니다. 위에서 본 것처럼 등록임대주택이므로 다음과 같이 필요경비 60%를 인정받고 공제금액 400만 원을 차감하고 나면 과세표준이 0원이 되기 때문입니다.

· 과세표준 = 수입금액 - 필요경비(60%) - 공제금액(400만 원) =
1,000만 원 - 600만 원 - 400만 원 = 0원

만약 주택임대사업자로 등록하지 않았다면 다음과 같이 46만 2,000원이 계산됩니다. 그러므로 주택임대사업자로 등록하면 세금을 줄일 수 있습니다.

- 과세표준 = 수입금액 – 필요경비(50%) – 공제금액(200만 원) = 1,000만 원 – 500만 원 – 200만 원 = 300만 원

- 소득세 = 과세표준 × 세율 = 300만 원 × 15.4%(지방소득세 포함) = 46만 2,000원

부동산 임대가 처음이라면

10

수입금액 2,400만 원이
넘어가면 장부를 꼭 쓰자

★ 주택임대사업자가 직전연도 수입금액이 2,400만 원을 초과해도
추계신고 단순경비율 추계신고가 가능하다.

→ 이 문장은 X입니다. 주택임대사업자로서 단순경비율
에 따라 신고할 수 있는 사업자는 직전연도 수입금액이
2,400만 원에 미달하는 경우입니다. 만약 수입금액이
2,400만 원을 초과하고 7,500만 원에 미달하는 경우라면 기준경비율에
의해서만 추계신고가 가능합니다.

소득세법에서는 개인의 소득을 총 8가지로 구분하여, 그중 이자, 배당, 근로, 사업, 연금, 기타소득의 6가지 항목은 종합과세하고, 나머지 퇴직소득과 양도소득은 별도의 계산으로 분류과세 됩니다. 종합과세 계산 구조는 다음 표와 같습니다.

구분	내용	비고
소득금액	종합소득금액	이자소득, 근로소득 등 합산
- 소득공제	종합소득공제	기본공제, 추가공제 등
× 세율	기본세율 (6~45%)	산출세액 결정
- 세액공제 , 세액감면	기장세액공제 , 특별세액공제 등	납부세액 결정

Q 주택임대사업자입니다. 수입금액이 2천만 원이 넘어가면 종합과세한다고 알고 있습니다. 무엇이 유리한 신고방법인지 헷갈립니다.

A 다음과 같은 경로로 자가진단을 해보면 좋습니다.

지난해 신규사업자다			
Yes		No	
지난해 수입금액이 7,500만 원 미만이다.		직전연도(제작년) 수입금액이 2,400만 원 미만이고, 지난해 수입금액이 7,500만 원 미만이다.	
Yes	No	Yes	No
단순경비율 적용대상자	기준경비율 적용대상자	단순경비율 적용대상자	기준경비율 적용대상자

예를 들어 '주택임대소득이 연 2,400만 원이어서 추계신고 단순경비율 45.3% 적용대상이고, 소득공제액이 300만 원, 세액공제는 없

다'라고 가정해봅시다. 그럼 다음과 같은 방법으로 종합소득세 계산이 가능합니다.

- 연간 임대소득: 2,400만 원 (수입금액)

- 임대소득금액 = 수입금액 − 필요경비 (수입금액 × 단순경비율) = 2,400만 원 − (2,400만 원 × 45.3%) = 1,312만 8,000원

- 과세표준 = 임대소득금액 − 소득공제액 = 1,312만 8,000원 − 300만 원 = 1,012만 8,000원

- 산출세액 = 과세표준 × 세율 (6~45%, 누진세율) = 1,012만 8,000원 × 6% = 60만 7,680원

위 계산법을 보면 연간 월세 임대소득에서 세율을 바로 적용하는 것이 아니라, 수입금액에서 필요경비, 소득공제액을 차감한 과세표준에서 세율을 곱해 소득세를 계산하는 것을 알 수 있습니다. 따라서 다른 소득이 없고 임대소득만 있는 경우에는 세금 부담은 크지 않은 것을 알 수 있습니다.

그러나 주택임대소득 외에 다른 소득이 있다면, 모든 소득을 합산하여 세금이 결정되므로 세금 부담이 커질 수 있습니다. 그 이유는 소득세는 다음과 같이 누진세율을 적용하기 때문입니다.

과세표준	세율	누진공제액
1,400만 원 이하	6%	
1,400만 원~5,000만 원 이하	15%	126만 원
5,000만 원~8,800만 원 이하	24%	576만 원
8,800만 원~1억 5천만 원 이하	35%	1,544만 원
1억 5천만 원~3억 원 이하	38%	1,994만 원
3억 원~5억 원 이하	40%	2,594만 원
5억 원~10억 원 이하	42%	3,594만 원
10억 원 초과	45%	6,594만 원

 추계신고 적용대상은 어떻게 정하나요?

주택임대사업자로서 단순경비율에 따라 신고할 수 있는 사업자는 직전연도 수입금액이 2,400만 원에 미달하는 경우입니다. 만약 수입금액이 2,400만 원을 초과하고 7,500만 원에 미달하는 경우라면 기준경비율에 의해서만 추계신고가 가능합니다. 추계신고에 따른 소득금액 계산은 다음과 같습니다.

단순경비율에 따른 추계신고

· 소득금액 = 수입금액 - 수입금액 × 단순경비율

기준경비율에 따른 추계신고 소득금액 Min(1, 2)

1. 수입금액 - 주요경비 - (수입금액 × 기준경비율)
2. (수입금액 - 수입금액 × 단순경비율) × 배수 (간편장부대상자는 2.8배, 복식부기의무자는 3.4배)

부동산 임대가 처음이라면

기준경비율 추계신고 시 주요경비에 포함되는 항목으로는 첫째, 매입비용과 임차료로 증빙서류를 통해 입증 가능한 금액이 포함됩니다. 다만, 부동산임대업의 경우 사업용 유형자산의 매입금액은 매입비용에 포함되지 않습니다. 다시 말해 아파트를 매수해 주택을 임대하는 경우 아파트를 매입한 금액은 임대하고 있는 기간 중 비용에 반영되지 않습니다.

둘째, 종업원의 급여와 임금 및 퇴직급여로 증빙서류에 의해 지급하였거나 지급할 금액을 주요경비에 반영 가능합니다. 그러나 일반적으로 부동산임대업의 경우 본인이 직접 수행하고 별도 직원을 고용하고 있지 않으므로 해당 경비도 거의 발생하지 않습니다.

이런 이유로 주택임대업의 경우 기준경비율로 계산할 때에는 주요경비에 반영할 항목이 거의 없다는 것을 알 수 있습니다. 따라서 수입금액이 2,400만 원을 초과하고 7,500만 원에 미달하는 경우라면 간편장부를 작성해 신고하는 것이 유리합니다.

PART II.

상가 임대가
처음이라면?

01

상가 임대인도
상가 임대차보호법을 알아야 한다

★ 상가건물 임대차보호법은 모든 임차인이 적용받을 수 있다.

→ 이 문장은 X입니다. 상가건물 임대차보호법 적용을 받기 위해서는 지역별로 환산 보증금(보증금 + 차임 × 100)이 일정 기준금액 이하여야 합니다.

임대정책과 관련된 법은 주택 임대차보호법, 상가건물 임대차보호법을 들 수 있습니다. 주택 임대차보호법은 주거용 건물의 임대차 관련, 상가건물 임대차보호법은 영업용으로 활용하는 상가 건물의

부동산 임대가 처음이라면

임대차에 관한 내용을 다루는 법입니다.

임대차(賃貸借)란 임대차 목적물을 빌려주고 그에 대해 대가를 지급하기로 하는 약정을 말합니다. 임대차에 관한 사항은 기본적으로 민법에 정해져 있지만, 임차인을 특별히 보호할 필요가 있는 주택이나 상가의 경우에는 별도로 임대차 특별법이 존재합니다. 상가 임차인을 보호하기 위해 만들어진 법이지만, 임대인도 이를 꼭 알아야 합니다. 상가 임차인하고 분쟁을 원만하게 해결할 수 있고, 계약서 특약 사항으로 분쟁을 사전에 방지할 수 있기 때문입니다.

Q **상가건물 임대차보호법은 모든 임차인이 적용받을 수 있나요?**

 아닙니다. 상가건물 임대차보호법 적용을 받기 위해서는 환산 보증금(보증금 + 차임 ×100)이 다음 금액 이하이어야 합니다.

서울특별시	9억 원 이하
수도권 과밀억제권역 및 부산광역시	6억 9,000만 원 이하
광역시 등	5억 4,000만 원 이하
기타	3억 7,000만 원 이하

가령 부산광역시에서 보증금 2억 원에 월세 500만 원으로 상가 임대차 계약을 체결한 임차인의 환산보증금은 다음과 같이 7억 원으로 계산됩니다. 따라서 부산광역시 기준의 환산보증금 6억 9,000만 원을 초과하기 때문에 상가건물 임대차보호법 적용을 받을 수 없습니다.

• 환산보증금 : 보증금 2억 원 + (월세 500만 원 × 100 = 5억 원)
  = 7억 원

단, 여기서 주의할 점이 환산보증금이 위 금액을 초과하더라도 상가건물 임대차보호법 일부는 적용이 된다는 사실입니다. 구체적으로 대항력, 계약갱신요구권, 차임연체와 해지, 권리금 보호, 표준권리금계약서 작성, 감염병(코로나) 예방을 위한 집한 제한 조치에 따른 폐업으로 인한 해지권은 인정됩니다. 여기서 환산보증금을 초과하는 계약의 경우 계약갱신요구권을 행사하기 위해서는 임대차기간이 정해져 있었어야 하며 만약 임대차기간을 정하지 않은 계약이라면 세입자는 계약갱신요구권을 행사할 수 없습니다.

참고로 건물주는 세입자의 환산보증금이 위 금액을 초과한 경우에는 5%를 초과해서 임차료 증액청구가 가능합니다.

Q **그러면 환산보증금 이내인 임차인은 상가건물 임대차보호법에서 어떤 권리를 더 보장받을 수 있나요?**

A 최단존속기간, 우선변제권, 최우선변제권, 임차권등기명령 규정 등을 적용받을 수 있습니다. 우선변제권과 최우선변제권은 세입자를 위한 제도입니다. 우선변제권은 세입자가 대항요건(건물의 인도 + 사업자등록 신청)과 확정일자를 받음으로써 후순위 권리자보다 우선해서 보증금을 변제받을 권리를 말합니다. 또 최우선변제권은 세입자가 대항요건(건물의 인도 + 사업자등록신청)만 갖추면 보증금 중 일정액을 다른 담보물권자보다 우선해서 변제받을 권리를 의미합

부동산 임대가 처음이라면

니다. 최우선변제 범위는 다음과 같습니다. (최우선 변제의 보증금의 범위는 환산보증금을 기준으로 합니다.)

구분	보증금의 범위	최우선변제금액
서울특별시	6,500만 원 이하	2,200만 원
과밀억제권역	5,500만 원 이하	1,900만 원
광역시 등	3,800만 원 이하	1,300만 원
기타 지역	3,000만 원 이하	1,000만 원

[Q] **상가건물 임대차보호법을 적용받는 환산보증금 이내의 세입자와 상가 건물을 3개월 단기로 계약을 원합니다. 이때 주의해야 할 사항이 있나요?**

[A] 상가건물 임대차보호법을 적용받는 환산보증금 이내의 상가 건물 임대 계약은 최단존속기간 규정에 따라 기간을 정하지 않거나 기간을 1년 미만으로 정한 임대차계약은 그 기간을 1년으로 본다고 규정하고 있습니다. 쉽게 말해 건물주와 세입자 합의에 따라 단기 3개월 상가 임대 계약을 한 뒤 계약 기간이 만료되어 건물주가 세입자에게 계약 기간 만료에 따른 계약 해지를 요구했는데, 세입자가 상가를 계속 사용하겠다고 하면 건물주는 최단존속기간 규정에 따라 계약 해지를 못 한다는 사실을 기억해야 합니다.

그런데 임차인은 1년 미만의 계약 기간이 효력이 있다고 주장할 수 있습니다. 다시 말해 임차인은 계약 기간이 1년 미만일 때에는 두 가지로 임대차기간을 선택할 수 있는 것입니다. 계약서 내용 그대로

3개월을 주장도 할 수 있고, 계약서 기간과 다르게 1년 계약 기간을 주장할 수 있습니다.

실무적으로 상가 임대차는 대부분 계약 당사자 합의에 따라 2년 이상 계약을 체결하곤 합니다. 계약 기간 동안에는 임대료 인상을 할 수 없으므로 장기 계약은 건물주에게 불리하게 작용할 수 있습니다.

Q 상가건물 임대차보호법에 적용이 되는 세입자와 계약을 체결했는데 세입자가 계약갱신요구권을 얘기하는 경우에는 무조건 들어줘야 하나요?

A 임대인은 임차인이 임대차기간이 만료되기 6개월 전부터 1개월 전까지 사이에 계약갱신을 요구할 경우 정당한 사유 없이 거절하지 못합니다. 그리고 임차인의 계약갱신요구권은 최초의 임대차기간을 포함한 전체 임대차기간이 10년을 초과하지 않는 범위에서만 행사할 수 있습니다. 임차인의 계약갱신요구권 행사로 갱신한 임대차계약은 전 임대차계약과 같은 조건으로 다시 계약된 것으로 보며 임대인과 임차인은 차임과 보증금에 대해서 증감을 요구할 수 있습니다. 임대인이 임차인의 계약갱신요구를 거절할 수 있는 경우는 다음과 같습니다.

1. 임차인이 3기의 차임액에 해당하는 금액에 이르도록 차임을 연체한 사실이 있는 경우
2. 임차인이 거짓이나 그 밖의 부정한 방법으로 임차한 경우
3. 서로 합의하여 임대인이 임차인에게 상당한 보상을 제공한 경우

4. 임차인이 임대인의 동의 없이 목적 건물의 전부 또는 일부를 전대한 경우

5. 임차인이 임차한 건물의 전부 또는 일부를 고의나 중대한 과실로 파손한 경우

6. 임차한 건물의 전부 또는 일부가 멸실되어 임대차의 목적을 달성하지 못할 경우

7. 임대인이 목적 건물의 전부 또는 대부분을 철거하거나 재건축하기 위하여 목적 건물의 점유를 회복할 필요가 있는 경우

8. 그 밖에 임차인이 임차인으로서의 의무를 현저히 위반하거나 임대차를 계속하기 어려운 중대한 사유가 있는 경우

위에서 해당하는 거절 사유가 없다면 건물주는 최대 10년까지 세입자의 계약갱신요구를 거절 할 수 없다는 점도 꼭 기억해야 합니다.

Q **임대차계약 만기가 다 되어 가는데 세입자가 계약을 연장할지 해지할지 아무런 말이 없는 경우, 어떻게 해야 하나요?**

A 현재 세입자와 계속 계약을 유지하려고 한다면 굳이 임대인이 먼저 연락할 이유는 없습니다. 법정갱신(묵시적갱신)이 되기 때문입니다.

법정갱신(묵시적갱신)이 되었을 때 건물주에게 불리한 부분도 있습니다. 임대인이 임대차기간이 만료되기 6개월 전부터 1개월 전까지 사이에 임차인에게 갱신거절의 통지 또는 조건 변경의 통지를 하

지 않은 경우에는 그 기간이 만료된 때에 전 임대차와 같은 조건으로 다시 임대차한 것으로 봅니다. 이 경우에는 임대차의 존속기간은 1년으로 보며, 법정갱신(묵시적갱신)이 된 경우 임차인은 언제든지 임대인에게 계약해지 통고를 할 수 있고 임대인이 통고를 받은 날부터 3개월이 지나면 효력이 발생합니다. 그러므로 보증금 또는 월세 인상이 필요한 경우나 명확하게 계약 기간을 1년 또는 2년 유지하고 싶다면 건물주는 세입자에게 연락하여 재계약을 하는 것이 바람직합니다.

Q 세입자가 계속 월세를 조금씩 미납합니다. 총 3번을 미납하면 계약 해지가 가능한가요?

A 미납횟수를 보고 판단하지 않고 금액으로 판단합니다. 총 미납횟수와 상관없이 3개월 치 월세가 미납되면 건물주는 세입자에게 계약 해지 통보가 가능합니다. 가령 월세가 100만 원이라면, 총 미납금액이 300만 원이 되었을 때부터 계약 해지 통보가 가능합니다.

Q 임차권등기명령은 뭔가요?

A 임차권등기명령은 임대차가 종료된 후 건물주가 보증금을 반환하지 않았을 때, 임차인은 관할 법원에 임차권등기명령을 신청할 수 있습니다. 그리고 세입자는 임차권등기명령의 신청 및 그에 따른 임차권등기와 관련하여 발생한 비용을 임대인에게 청구할 수 있으며, 세입자는 임차권등기명령을 통해 해당 상가를 경매 신청도 할

수 있게 됩니다. 임차권등기명령이 경료되면 등기사항전부증명서에 임차권등기가 기재됩니다. 임차권등기가 경료되고 건물주가 추후 보증금을 반환했을 때에도 등기사항전부증명서에 기록이 남아 있게 되기 때문에 새로운 세입자를 구하기 어려울 수도 있습니다.

02

꼬마빌딩 매수 시
이것 주의하자

★ 임대차계약을 체결하면서 '신축 시 임대차계약은 종료한다'라는
특약을 기재하기도 하지만, 이는 상가 임대차보호법에 배치돼 효
력이 없다.

O → 이 문장은 O입니다. 임차인의 권리를 강력하게 보장하
고 있는 상가 임대차보호법에서는 임대인은 특별한 사정
이 없을 때는 임대차계약을 마음대로 종료할 수 없고, 임차
인이 원하는 경우 최초 임대차계약 체결일로부터 10년간 임대차계약을
존속해야 합니다. 임대차계약을 체결하면서 '신축 시 임대차계약은 종료
한다'라는 특약을 기재하기도 합니다. 그러나 이는 상가 임대차보호법에
배치돼 효력이 없습니다.

부동산 임대가 처음이라면

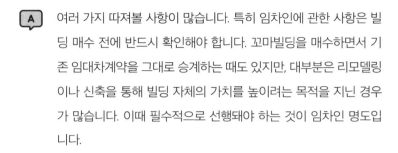

Q 꼬마빌딩을 매수하려 합니다. 주의할 점은 무엇인가요?

A 여러 가지 따져볼 사항이 많습니다. 특히 임차인에 관한 사항은 빌딩 매수 전에 반드시 확인해야 합니다. 꼬마빌딩을 매수하면서 기존 임대차계약을 그대로 승계하는 때도 있지만, 대부분은 리모델링이나 신축을 통해 빌딩 자체의 가치를 높이려는 목적을 지닌 경우가 많습니다. 이때 필수적으로 선행돼야 하는 것이 임차인 명도입니다.

하지만 임차인의 권리를 강력하게 보장하고 있는 상가 임대차보호법에서는 임대인은 특별한 사정이 없을 때는 임대차계약을 마음대로 종료할 수 없고, 임차인이 원하는 경우 최초 임대차계약 체결일로부터 10년간 임대차계약을 존속해야 합니다. 임대차계약을 체결하면서 '신축 시 임대차계약은 종료한다'라는 특약을 기재하기도 합니다. 그러나 이는 상가 임대차보호법에 배치돼 효력이 없다는 사실을 알아둡시다.

이런 이유로 꼬마빌딩을 매수하려고 한다면 사전에 반드시 기존 임대차계약 현황을 살펴보고 구체적인 임차인 명도 계획부터 수립해야 합니다. 임대차계약 기간이 한참 남아있어 임차인 명도가 단기간 내 어려운 상황이라면 리모델링이나 신축이 어려울 수 있습니다. 임차인 명도에 상당한 비용과 시간이 소요될 수 있다는 말입니다.

현재 기존 임차인이 없는 상태라고 하더라도 리모델링이나 신축

까지 1~2년의 기간이 남아있어 새로운 임차인에게 임대하려는 때에도 주의해야 합니다. 자칫하면 1~2년간 임대수익을 받으려다 리모델링이나 신축 자체가 어려워질 수 있습니다. 상가 임대차보호법에 따르면 임대인이 임차인의 계약갱신을 거절할 수 있는 사유로 건물의 전부 또는 대부분을 철거하거나 재건축하기 위하여 목적 건물의 점유를 회복할 필요가 있는 경우를 규정하고 있습니다. 그런데 이때에도 임대차계약을 맺을 당시에 공사시기 및 소요기간 등을 포함한 철거 또는 재건축 계획을 임차인에게 구체적으로 알리고 그 계획에 따라야 합니다. 다시 말해 임대차계약을 체결할 때 이런 점을 반드시 첨부해 임차인으로부터 동의를 받아야 한다는 뜻입니다.

또 임대차계약이 종료된 후에 임차인이 스스로 명도하지 않을 때 법적 절차를 이행하게 되면 시간과 비용이 크게 소요되므로, 미리 임대차계약을 체결함과 동시에 '제소전화해(개인 간에 분쟁이 발생한 경우에 소송으로 이어지는 것을 방지하기 위해 소송 전에 쌍방이 서로 화해하도록 하는 것) 조서'를 작성해 두는 것도 도움이 됩니다.

꼬마빌딩은 거래가격이 높고 대출로 자금을 조달하는 사례가 많아 매수 시점에 수립한 리모델링이나 신축 계획에 차질이 생기면 매수인은 상당한 금전 손실이 발생할 수 있습니다. 특히 임대차에 관한 사항이 변수로 작용하는 만큼 꼼꼼히 살펴봐야 합니다.

여기서 잠깐! 상가 임대차보호법은 임차인이 안정적으로 영업을 할 수 있도록 돕기 위해 임차인에게 10년간의 갱신청구권을 사용할 수 있도록 하는 등 임차인의 권리를 상당히 두텁게 보호하고 있습니다. 그러나 이 법에도 허점이 있습니다. 바로 비영리 법인에게는 적용되지 않는다는 점입니다.

상가 임대차보호법이 적용되는 대상은 '상가건물임대차'에 한정됩니다. 쉽게 말해 사업자등록의 대상이 되는 건물에서 임대차 목적물의 주된 부분을 영업용으로 사용하고 있는 경우만을 상가 임대차보호법의 적용대상으로 봅니다. 만약 상가 건물을 임차한 후 교회나 사찰, 어린이집, 장애인이나 노인 복지시설 등의 비영리시설로 이용하고 있다면 상가 임대차보호법을 적용받기 어렵다는 뜻입니다.

그러므로 비영리시설의 경우에는 별도로 대항력과 우선변제권을 갖추기 위한 절차를 거쳐야 하고, 10년간 계약갱신을 요구할 수 있는 권리나 권리금 회수의 기회도 보장받지 못합니다. 사업자등록을 하고 확정일자만 받으면 경매나 공매 시 대항력과 우선변제권을 인정받는 상가임대차와 달리 비영리시설은 별도로 전세권설정등기를 해야만 이와 같은 권리가 생깁니다. 그런데 전세권설정등기를 위해서는 반드시 임대인의 동의가 필요하다는 사실을 알아둡시다.

03

임대료를 못 받아도
세금을 내야 하나?

★ 임대료를 못 받아도, 부가가치세를 내야 한다.

O → 이 문장은 O입니다. 임차인이 임대점포를 사용했기 때문에 임대용역이 공급되었으므로 부가가치세 신고대상이 됩니다. 부가가치세법 제16조에 따라 월세를 받지 못했다고 세금을 빼주지는 않습니다. 임대인이 현재 임대료를 받지 못했더라도 언젠가는 받을 수 있는 확정된 권리이기 때문입니다.

 임대료를 못 받아도, 부가가치세를 내야 하나요?

A 임차인의 영업 부진으로 임대료를 받지 못한 임대사업자들이 더러

있습니다. 상가임대의 경우라면 임차인이 임대점포를 사용했기 때문에 임대용역이 공급되었으므로 부가가치세 신고대상이 됩니다. 다음 부가가치세법 제16조에 따라 월세를 받지 못했다고 세금을 빼주지는 않습니다. (임대인이 현재 임대료를 받지 못했더라도 언젠가는 받을 수 있는 확정된 권리이기 때문입니다.)

· 용역의 공급시기: 역무 제공이 완료되거나 시설물, 관리 등에 재화가 사용되는 때

Q 그렇다면 소득세는요?

A 소득세도 마찬가지입니다. 소득세법 제24조는 다음과 같이 규정하고 있습니다.

'거주자의 소득에 대한 총수입금액은 해당 과세기간에 수입하였거나 수입할 금액의 합계액으로 한다.'

부동산 임대소득의 수입시기는 임대료를 실제로 받은 날이 아니라 계약에 따라 받기로 한 날입니다. 따라서 임대료를 실제로 받지 못했더라도 받기로 한 날이 도래한 경우에는 수입할 금액으로 보아 부동산 임대소득에 포함해 신고해야 합니다.

Q 1년 임대료를 한꺼번에 받은 경우는요?

예를 들어 올해 4월에 임차인과 임대계약을 체결하면서 내년 3월 분까지 1년 임대료를 한꺼번에 받고 세금계산서도 발행했다면, 내년 5월에 소득세 신고를 할 때, 4월~12월분의 수입금액만 신고하면 됩니다.

그러나 부가가치세는 좀 다릅니다. 공급시기가 도래하기 전이라도 대가를 미리 받고 세금계산서를 발행했다면 받은 금액 전액에 대한 부가가치세를 신고·납부해야 합니다.

참고로 상가 임대차보호법 제10조의 8(차임 연체와 해지)에 따라 임차인이 임대료 3개월 치를 미납하면 임대인은 계약을 해지할 수 있습니다.

Q **만약 계속해서 월세를 미납하면, 어떻게 해야 하나요?**

A 내용증명부터 발송하는 것이 좋습니다. 내용증명은 상대방에게 일정한 내용을 고지하거나 독촉하는 문서입니다. 법적인 효력은 없지만 추후 소송에서 증거로 활용할 수 있고, 임차인에게 심리적 압박을 가해 월세를 납부하도록 유도할 수도 있습니다.

그래도 계속해서 미납이 이어진다면 명도소송을 제기할 수 있습니다. 명도소송은 부동산을 점유할 권리가 없는 사람을 상대로 부동산을 인도받기 위해 제기하는 소송입니다. 승소판결을 받으면 강제집행을 통해 임차인을 내보낼 수 있습니다. 또 보증금이 남아 있는 경우, 미납된 임대료와 기타 비용을 보증금에서 공제할 수 있습니다.

여기서 잠깐! 상가임대가 처음이라면 임대인은 임차인의 권리와 의무를 충분히 이해해야 합니다. 상가 임대차보호법에 따라 임차인은 다음과 같은 권리를 가집니다.

계약갱신 요구권	최초 임대차 기간을 포함한 전체 임대차 기간이 10년을 초과하지 않는 범위에서 행사할 수 있다.
대항력	건물의 인도 및 사업자등록을 신청한 다음 날부터 제3자에 대해 효력이 생긴다.
우선변제권	대항요건을 갖추고 관할 세무서장으로부터 임대차계약서상의 확정일자를 받은 임차인은 경매 또는 공매 시 임차건물(대지 포함)의 환가대금에서 후순위 권리자나 그 밖의 채권자보다 우선하여 보증금을 변제받을 권리가 있다.

또 임차인은 다음과 같은 의무를 집니다.

차임지급의무	임차인은 약정한 차임을 지급할 의무가 있다. 만약 3기분에 해당하는 금액을 연체해 임대료 3개월 미납이 발생했다면 임대인은 계약을 해지할 수 있다.
목적물 보존의무	목적물의 현상을 유지하고 통상의 관리에 속하는 수선을 해야 한다. 다만, 대규모의 수선은 임대인이 부담한다.
선관주의의무	선량한 관리자의 주의로 임차물을 보관해야 하며, 임차물의 보존에 관한 필요비를 지출한 때에는 즉시 임대인에게 그 상환을 청구할 수 있다.

04

상가 거래 시 발생하는 세금은
어떻게 될까?

★ 상가 취득 시 취득세 과세표준은 부가가치세를 제외한 금액이다.

 → 이 문장은 O입니다. 취득세는 '과세표준 × 세율'로 계산됩니다. 이때 과세표준은 부가가치세를 포함한 금액이 아니라 부가가치세를 제외한 공급가액이 됩니다.

대표적인 수익형 부동산인 상가는 주택이나 토지보다 과세체계가 비교적 단순한 이유는 영업용으로 사용하는 상가의 과세를 강화하면 임대료 상승으로 연결되기 때문입니다. 그러나 거래 단계마다 부가가치세 처리가 복잡하고, 때에 따라서는 재산세가 일반세율의 16배가 나오기도 합니다. 또 양도소득세 계산이 쉽지 않은 경우도 많이 있고, 상속·증여 시 재산평가로 골치 아플 때도 있습니다. 상가임대를 통해 수익률을 높이기 위해서는 이런 세금에 대한 전반적인 이해가 선행되어야 합니다.

Q 상가 투자 시 절세하는 방법에는 무엇이 있을까요?

A 상가를 취득하기 전에 먼저 단독·공동 명의 중 무엇으로 할지부터 정해야 합니다. 상가를 운영하는 도중에 명의를 바꾸면 취득세와 증여세, 양도소득세 등을 내야 하기 때문입니다.

그렇다면 단독명의와 공동명의 중 무엇이 유리한지 상가 취득부터 임대·양도까지 단계별로 따져봅시다.

개인이 상가를 취득하면 4.6%(지방교육세 등 포함)를 취득세로 내야 합니다. 이때 취득재산에 대해 각각 취득한 것으로 보고 세금을 부과합니다. 가령 5대5 공동명의로 취득하면 각각 취득가의 4.6%를 세금으로 내야 합니다. 취득 단계에선 공동명의와 단독명의 간 세금 차이가 없습니다.

참고로 고급오락용 건물 등 사치성 재산을 취득하면 13.4%(지방교육세 등 포함)를 취득세로 내야 하고, 법인이 과밀억제권역 내에서 취득하면 9.4%(지방교육세)가 적용될 수 있습니다.

그리고 부가가치세는 상가의 취득, 임대, 양도 시 발생하며, 사업자 유형에 따라 환급 여부가 달라집니다.

상가를 보유하면 매년 재산세를 내야 합니다. 대부분 상가 재산세는 일반세율(건물 0.25%)이 적용됩니다. 하지만, 해당 용도가 지방세법상 사치성 재산인 고급오락장용 건물에 해당하면 일반세율보다 16배(4.0%) 인상됩니다. 이 외에도 유흥장소로 사용되는 상가에 대한 개별소비세 과세문제도 발생합니다. 부동산 물건별로 재산세가 산출되므로 단독명의와 공동명의 시 재산세 차이는 없습니다.

다만 별도합산 과세대상 토지는 인별 공시가격 80억 원을 초과하면 종합부동산세가 나올 수 있습니다. 따라서 토지 공시가격이 80억 원을 초과한다면 공동명의로 하는 게 절세에 유리할 수 있습니다.

상가를 임대해서 수입이 발생하면 임대소득세를 부담해야 합니다. 소득세는 6.6~49.5%(지방소득세 포함) 구간별로 누진세율이 적용됩니다. 소득을 분산하면 매년 부담할 소득세는 낮아집니다. 따라서 상가를 임대할 때는 공동명의가 유리합니다. 참고로 상가임대 수입금액이 5억 원 이상이면 성실신고대상자로 분류되어 세무대리인에게 검증을 꼭 받아야 합니다.

여기서 잠깐! 배우자가 과거에 직장가입자의 피부양자에 해당해 건강보험료를 내지 않았다면 상가에서 임대소득이 발생했을 때 별도 건강보험료가 부과될 가능성이 있으므로 주의해야 합니다.

상가를 양도할 때도 명의를 분산하면 절세 효과를 볼 수 있습니다. 공동명의로 하면 양도소득 기본공제를 각각 받을 수 있으며, 양도소득세도 각각 누진세율로 적용되므로 절세할 수 있습니다. 상가를 양도할 때도 공동명의가 유리합니다.

정리하면 공동명의를 활용해서 세금을 줄일 수 있는 것은 소득세와 양도세입니다. 만약 배우자가 10년 내 증여받은 사실이 없다면 증여공제 한도인 6억 원까지는 증여세가 나오지 않습니다. 상가 취득 시 배우자에게 6억 원 이내 금액을 증여하면 세금 부담 없이 공동명의가 가능합니다. 다음 표를 참고합시다.

취득	• 취득가액의 4%(중과세는 8~12%) • 건물 공급가액의 10% 부가가치세
보유·임대	• 매년 6월 1일을 기준으로 재산세 • 임대료에 대해 부가가치세 • 임대소득에 대해 소득세
양도	• 양도단계에서 부가가치세 • 양도소득에 대해 양도소득세

Q **상가를 분양받았습니다. 분양가격구조는 다음과 같습니다. 취득세는 얼마나 나올까요?**

· 건물 공급가액: 5,000만 원

· 토지 공급가액: 5,000만 원

· 부가가치세: 500만 원 (토지는 면세)

· 합계: 1억 500만 원

 취득세는 '과세표준 × 세율'로 계산됩니다. 이때 과세표준은 부가가치세를 포함한 1억 500만 원이 아니라 부가가치세를 제외한 공급 가액 1억 원이 됩니다. 따라서 취득세는 400만 원 (1억 원 × 4%, 지방교육세 등 0.6% 추가 시 460만 원)이 됩니다.

Q 이 상가를 1년 8개월 뒤 1억 1,000만 원에 양도한다고 가정하면, 양도소득세는 얼마나 나올까요?

A 다음과 같이 계산하면 300만 원입니다. (계산 편의상 기본공제만 적용, 지방소득세 별도)

- 양도차익 = 양도가액 1억 1,000만 원 - 취득가액 1억 원
  = 1,000만 원
- 양도소득금액 = 양도차익 1,000만 원 - 장기보유특별공제 0원
  (보유기간 3년 이상 시 적용) = 1,000만 원
- 과세표준 = 양도소득금액 1,000만 원 - 기본공제 250만 원
  = 750만 원
- 양도소득세 = 과세표준 750만 원 × 세율 40% (1년~2년 보유 시 적용되는 세율) = 300만 원 (지방소득세 별도)

05

상가임대 시작 전에도
사업자등록을 할 수 있나?

★ 매입세금계산서에 사업자등록번호가 아닌 매수인의 주민등록번호가 기재되어 있어도 부가가치세 환급이 가능하다.

→ 이 문장은 O입니다. 사업자등록증을 발급받기 전까지는 세금계산서 필수 기재사항인 사업자등록번호를 알 수 없습니다. 따라서 이런 부득이한 상황에서는 해당 사업자 또는 대표자 주민등록번호를 기재해서 세금계산서를 받더라도 부가가치세 신고 시 매입세액공제가 가능합니다.

원칙적으로 상가임대업 시 사업장은 그 부동산의 등기부상 소재지입니다. 그러므로 여러 지역에서 임대업을 하면 사업장이 여러 개가 됩니다. 사업자는 사업개시일로부터 20일 이내에 사업자등록을 하지 않으면 미등록기간 발생한 공급가액 1%를 미등록가산세로 내야 합니다.

Q 상가임대업을 계획 중입니다. 간이과세자로 등록할 수 있나요?

A 간이과세 적용배제를 하지 않는 이상 간이과세자로 등록할 수 있습니다.

Q 상가임대 시작 전에도 사업자등록을 할 수 있나요?

A 사업장마다 사업개시일부터 20일 이내에 사업장 관할 세무서장에게 사업자등록을 신청하는 것이 원칙입니다. 그러나 신규로 사업을 시작하는 경우 사업개시일 이전이라도 사업자등록을 신청할 수 있습니다.

Q 매입세금계산서에 사업자등록번호가 아닌 매수인의 주민등록번호가 기재되어 있는 경우에도 부가세를 환급받을 수 있나요?

A 부가가치세 신고 시 매입세액공제를 적용받기 위해서는 적격증빙이 꼭 필요합니다. 즉 세금계산서를 발급받아야 합니다. 그런데 사업자등록증을 발급받기 전까지는 세금계산서 필수 기재사항인 사

업자등록번호를 알 수 없습니다. 이럴 때는 세금계산서에 공급받는 자에 본인 이름을 적고, 사업자등록번호는 본인 주민등록번호를 적어 발급받으면 됩니다. 그리고 사업자등록이 끝난 후 이를 사업자 명의로 전환하면 매입세액공제를 적용받을 수 있습니다. 홈택스에 접속해 다음 경로를 따라가면 됩니다.

> • 홈택스 로그인 → 조회/발급 → 주민번호 수취분 전환 및 조회

Q **공동소유 상가로 지분이 같은데, 소득분배비율은 별도로 신고해야 하나요?**

A 공동사업자로 사업자등록을 할 때, 동업계약서상에 소득분배비율을 표시해서 세무서에 제출해야 합니다. 일반적으로 상가임대업의 경우 지분율과 소득분배비율은 같습니다.

Q **상가를 취득했습니다. 계약금은 2025년 3월 1일에 지급했고 중도금은 4월 1일, 잔금은 5월 1일 지급했습니다. 그리고 5월 2일부터 임대를 개시했습니다. 사업개시일은 언제가 되는 건가요?**

A 부동산 임대용역의 개시일인 2025년 5월 2일입니다.

Q **상가를 취득했습니다. 계약금은 2025년 1월 2일에 지급했고 중도금은 2월 2일, 잔금은 3월 2일 지급했습니다. 그리고 3월 3일부터 임대를 개시했습니다. 사업자등록을 2025년 7월 20일까지 하면**

Q 상가 취득 관련 부가세를 환급받을 수 있나요?

A 사업자등록을 신청했다는 것은 사업의 시작을 말합니다. 또 부가가치세 환급을 위해 아주 중요한 의미가 있습니다. 질문의 경우 2025년 7월 20일 이내에 사업자등록을 신청하면 2025년 1월 이후 발생한 모든 매입세액에 대해 공제가 가능합니다.

06

일반과세자와 간이과세자, 뭐가 좋을까?

★ 임대사업자 유형은 일반과세자와 간이과세자 중에서 선택할 수
있다.

○ → 이 문장은 ○입니다. 임대사업자 유형은 일반과세자와
간이과세자 중에서 선택할 수 있습니다. 기본적으로 부동
산 임대사업자는 직전연도 공급대가 합계액이 4,800만 원
미만이면 간이과세자에 해당합니다. 다만 지역별 일정 면적 기준 이상이
면 간이과세 배제 대상이 될 수 있습니다.

Q 상가를 구입했고, 예상하는 월 임대료는 200만 원 정도입니다. 따
라서 연간 공급대가 4,800만 원 미만이니 간이과세가 가능한가요?

임대사업자 유형은 일반과세자와 간이과세자 중에서 선택할 수 있습니다. 다만, 간이과세의 적용을 배제하는 때도 있으므로 이 부분을 확인해야 합니다.

기본적으로 부동산 임대사업자는 직전연도 공급대가 합계액이 4,800만 원 미만이면 간이과세자에 해당합니다. 다만 다음 표의 면적 기준 이상이면 간이과세 배제 대상이 될 수 있습니다. 이때 건물 연면적은 공용면적 포함입니다. 임대용 건물소재지가 특별시 및 광역시(읍·면 지역 제외), 시 지역(읍·면 지역 제외)에 소재한 경우에만 다음 면적 기준을 적용합니다.

㎡당 공시지가	기준면적(㎡)						
	서울	인천	대전	광주	대구	부산	울산
1,000만 원 이상	62	69	85	85	85	72	85
950만 원 이상	70	74	94	92	92	80	94
900만 원 이상	79	79	104	101	101	87	104
850만 원 이상	85	92	115	113	112	102	116
800만 원 이상	92	106	126	125	124	116	128
750만 원 이상	99	120	140	139	137	126	142
700만 원 이상	106	133	154	152	150	138	155
650만 원 이상	121	144	172	170	168	147	174
600만 원 이상	137	157	190	188	187	157	193
550만 원 이상	158	176	212	210	208	181	215
500만 원 이상	180	195	235	232	229	204	237
450만 원 이상	203	223	260	257	256	228	262
400만 원 이상	236	252	286	283	280	252	289
350만 원 이상	274	296	328	325	321	282	332
300만 원 이상	323	342	371	367	363	314	374
250만 원 이상	369	418	444	440	435	391	448
200만 원 이상	415	494	518	513	507	470	523
150만 원 이상	549	608	629	622	616	581	635
100만 원 이상	683	722	740	732	725	694	747
100만 원 미만	770	940	940	940	940	940	940

부동산 임대가 처음이라면

일반과세자는 연간 매출액(임대료)이 4,800만 원(임대업 외는 1억 400만 원) 이상인 사업자를 말합니다. 부가가치세 과세대상 거래금액의 10%를 상대에게 징수하고, 세금계산서를 발급해야 합니다.

또 취득 시에 발생하는 건물 공급가액의 10%는 환급 가능합니다. 임대료에 대해서는 원칙적으로 세금계산서를 발급해야 하고, 6개월 단위로 부가가치세를 신고납부해야 합니다. 이때 납부세액은 '매출세액 −매입세액'으로 계산합니다. 양도 시 건물가액의 10%만큼 부가가치세가 발생합니다.

Q 상가 구입 시 부가세가 1,000만 원 발생한다고 합니다. 환급받기 위해서는 어떻게 해야 하나요?

A 일반과세자로 사업자등록을 해야 부가가치세 환급이 가능합니다. 간이과세자는 부가가치세 환급을 받을 수 없으니 주의해야 합니다. 또 비사업자는 사업자가 아니므로 부가가치세 환급이 불가능합니다.

간이과세자는 연간 매출액(임대료)이 4,800만 원(임대업 외는 1억 400만 원) 미만인 사업자를 말합니다. 취득 시 발생하는 건물 공급가액의 10%는 환급받을 수 없습니다. 임대료에 대해 세금계산서 발급이 불가능하고, 1년 단위로 부가가치세를 신고·납부해야 합니다. 다시 말해 1년간의 실적을 다음 해 1월 25일까지 신고·납부해야 한다는 뜻입니다. 양도 시 건물가액에 업종별 부가가치율 40%와 부가세율 10%를 순차적으로 곱한 만큼 부가가치세가 발생합니다. 예를 들어 건물 공급가액이 1억 원이라면 400만 원(1억 원 × 40% × 10%)의 부가가치세가 발생합니다.

Q **상가를 경매로 낙찰받아 7월부터 보증금 1,000만 원에 월 60만 원의 임대료를 받고 있으며, 간이과세자로 등록을 했습니다. 부가세는 얼마나 내야 하나요?**

A 간이과세자는 연간 매출액이 4,800만 원 미만이면 부가가치세 납부가 면제됩니다.

부가가치세를 내지 않더라도 신고는 해야 합니다. 납부의무가 면제되는 간이과세자는 기한 후 신고를 하지 않더라도 부과되는 가산세는 없습니다.

Q **연간 매출액이 4,800만 원 미만이면, 소득세도 내지 않아도 되나요?**

A 부가가치세와 소득세는 전혀 별개의 세목에 해당합니다. 따라서 부가가치세를 면제받더라도 소득세는 별도로 신고해야 합니다.

07

임대료의 10%만
부가가치세로 내면 된다?

★ 상가 임대료의 10%만 부가가치세로 납부하면 된다.

→ 이 문장은 X입니다. 많은 상가임대사업자가 부가가치세를 신고할 때, "상가 임대료의 10%만 부가가치세로 납부하면 된다."라고 착각합니다. 상가 임대료뿐만 아니라, 간주임대료의 10%도 부가가치세로 납부해야 합니다.

상가 투자는 생각보다 고려할 요소가 많습니다. 특히 세금 문제가 그렇습니다. 취득부터 보유·임대, 그리고 양도할 때까지 단계별로 세금이 부과되기 때문입니다. '부가가치세 환급' '간주임대료' '권리금 세무처리' 등 낯설고 복잡한 용어들로 인해 투자 열망이 꺾이기도 합니다. 또 뜻밖에 부과된 세금은 기대수익률을 낮추는 매우 중요한 변수입니다. 하지만 이 역시도 미리 정보를 파악하고 있다면 줄이거나 피할 수 있습니다.

임대목적으로 상가를 취득하면 취득세가 발생하고 부가가치세 환급은 사업자 유형에 따라 환급 여부가 달라진다고 말했습니다. 다시 강조하자면 일반과세자는 환급이 가능하지만, 간이과세자는 환급이 되지 않습니다. 그러므로 상가를 임대용으로 사용할 때는 일반과세자로 취득하는 것이 좋습니다.

이때 등록 시기별로 환급 규모가 달라진다는 점을 주의해야 합니다. 만약 계약금 지급 직후 사업자등록을 했다면, 전체 건물분에 해당하는 부가가치세를 돌려받을 수 있습니다. 그런데 건물이 완공될 때쯤 뒤늦게 사업자등록을 하면 말이 달라집니다. 계약금·중도금 관련 부가가치세는 환급받지 못할 수도 있다는 사실에 주의해야 합니다. 그러므로 계약금 지급일이 속한 반기의 말일로부터 20일 내 사업자등록을 완료해야 계약금과 중도금까지 환급을 받을 수 있다.

Q 취득한 상가를 가족이나 제가 설립한 법인에 다시 임대해도 되나요?

A 가능합니다.

Q 그렇다면 제가 임대목적으로 취득한 상가를 본인의 사업에 다시 임대할 수 있나요?

A 안 됩니다. 상가 소유자와 임차인이 같은 경우에는 법적으로 임대차계약을 맺는 것이 불가능하기 때문입니다.

상가 임대료는 주변 시세를 참고해서 정하면 됩니다. 이때 주의해야 할 사항은 책정한 임대료에 대해서는 정상적으로 대가를 주고받아야 합니다.

상가임대 시에는 임대료를 둘러싼 부가가치세와 종합소득세가 부과됩니다. 부가가치세는 반기마다 내야 합니다(개인사업자 일반과세자 기준). 부가가치세를 신고할 때 많은 상가임대사업자가 착각하는 조항이 있습니다.

"임대료의 10%만 부가가치세로 납부하면 된다."

이는 착각입니다. 간주임대료의 10%도 부가가치세로 납부해야 합니다. 상가임대사업자가 부동산 임대용역을 제공하고 전세금 또는 임대보증금을 받으면 금전 이외의 대가를 받은 것으로 보아 다음 계산식에 따라 계산한 금액을 공급가액으로 합니다.

> • 간주임대료 = 전세금·임대보증금 × 1년 정기예금이자율(2024년 귀속 3.5%) × 과세대상 기간의 일수/365일

수령한 보증금을 은행에 맡긴다면 이자수익을 얻을 테니, 그 이자수익도 월세처럼 소득으로 판단하는 것입니다. 간주임대료의 부

가가치세도 누락 없이 신고해야 합니다.

참고로 간주임대료에 대한 부가가치세는 임대인이 부담하는 것이 원칙입니다. 다시 말해 간주임대료에 대해서는 세금계산서를 발급할 수 없습니다. 따라서 특약 때문에 임차인이 부담하는 경우라 할지라도 세금계산서를 발급받지 못하므로 임차인은 매입세액공제가 불가능합니다.

> **Q** 일반과세 사업자이며 상가를 전세보증금 5,000만 원에 월세 100만 원(부가세 별도)의 조건으로 임대차계약을 맺었습니다. 1 과세기간의 부가세는 얼마인가요?

> **A** 일반과세 사업자가 상가임대 시 임대료의 10%와 간주임대료(임대보증금에 대해서는 이자 상당액)의 10%만큼 부가가치세가 발생합니다. 다음과 같습니다.

1. 간주임대료에 대한 부가가치세
   - 간주임대료 = 전세금·임대보증금 × 1년 정기예금이자율(2024년 귀속 3.5%) × 과세대상 기간의 일수/365일 = 5,000만 원 × 3.5% × 181일/365일 = 86만 7,808원
   - 간주임대료에 대한 부가가치세 = 86만 7,808원 × 10% = 8만 6,780원
2. 월세에 대한 부가가치세 = 100만 원 × 10% × 6개월 = 60만 원
3. 합계 = 간주임대료에 대한 부가가치세 + 월세에 대한 부가가치세 = 8만 6,780원 + 60만 원 = 68만 6,780원

[Q] 총 임대료가 4,800만 원에 미달해 간이과세자로 변경될 수 있을 것 같은데, 주의할 점은 무엇인가요?

[A] 연간 총 임대료는 월 임대료 합계 1,200만 원(100만 원 × 12개월) 과 간주임대료 등을 합해서 4,800만 원에 미달하므로 간이과세자 수준에 해당합니다. 따라서 과세유형이 간이과세자로 변경됩니다. 이때 주의해야 할 사항은 다음과 같습니다.

· 상가 취득 시 부가가치세를 환급받은 지 10년이 지나지 않았다면 환급받은 부가가치세 중 일부를 추징당할 수 있다.
· 임대인이 간이과세자로 전환되면 세금계산서를 발급할 수 없고, 10% 부가가치세를 별도로 징수할 수 없다.

상가임대 시 부가가치세는 일반과세자와 간이과세자에 따라 과세 내용이 달라집니다. 다음 표를 참고합시다.

구분	일반과세 사업자	간이과세 사업자
부가가치세 계산 구조	매출세액 - 매입세액	매출세액(공급대가×부가가치율 40%×10%) -공제세액((세금계산서상 매입금액×0.5%)
환급 여부	가능	불가능
세금계산서 발급의무	있음	없음
신고·납부방법	반기 당 1회 신고·납부	연간 1회 신고·납부 (연간매출이 4,800만 원에 미달 시 납부의무 면제)

08

관리비, 공공요금도
임대소득일까?

★ 임차인에게 받은 관리비, 공공요금도 임대소득에 포함한다.

 → 이 문장은 X입니다. 임대료와 별도로 유지비나 관리비 등의 명목으로 받은 금액과 전기료, 수도료 등 공공요금은 총수입금액에 포함하지 않습니다. 다만, 공공요금을 제외한 청소비, 난방비 등을 임대인이 직접 받으면 총수입금액에 포함해야 합니다.

상가임대소득에 따른 소득세는 주택임대소득과 다릅니다. 비과세 또는 분리과세하지 않고, 무조건 종합과세하며 이듬해 5월 31일까지 종합소득세를 신고·납부해야 합니다.

Q **임차인에게 받은 관리비, 공공요금도 임대소득인가요?**

A 임대료와 별도로 유지비나 관리비 등의 명목으로 받은 금액과 전기료, 수도료 등 공공요금은 총수입금액에 포함하지 않습니다. 다만, 공공요금을 제외한 청소비, 난방비 등을 임대인이 직접 받으면 총수입금액에 포함해야 합니다.

- 청소비·난방비 등: 부동산임대업의 총수입금액에 산입
- 전기료·수도료 등의 공공요금: 총수입금액에 불산입 (공공요금의 명목으로 받은 금액이 공공요금의 납부액을 초과할 때, 그 초과하는 금액은 부동산임대소득의 총수입금액에 산입)

주택임대소득의 총수입금액은 해당 과세기간에 수입하였거나 수입할 금액의 합계액입니다. 일반적으로 1년 치의 월세와 보증금 등에 대한 간주임대료의 합계액으로 계산할 수 있습니다.

- 주택임대소득의 총수입금액 = 월세 + 보증금 등에 대한 간주임대료(전세금·임대보증금 × 1년 정기예금이자율)

Q **1층은 식당, 2층과 3층은 사무실로 임대 중인 상가 건물을 가지고 있습니다. 임대소득금액이 1억 원 정도 발생하는데, 소득세는 얼마나 나올까요?**

A 소득세는 다음과 같이 1,956만 원이 나옵니다. (계산 편의상 소득공제, 세액공제는 없다고 가정, 누진공제표 참고)

- 소득세 = 1억 원 × 35% - 1,544만 원(누진공제액) = 1,956만 원

2025년 종합소득세 누진공제표

과세표준	세율	누진공제액
1,400만 원 이하	6%	
1,400만 원~5,000만 원 이하	15%	126만 원
5,000만 원~8,800만 원 이하	24%	576만 원
8,800만 원~1억 5천만 원 이하	35%	1,544만 원
1억 5천만 원~3억 원 이하	38%	1,994만 원
3억 원~5억 원 이하	40%	2,594만 원
5억 원~10억 원 이하	42%	3,594만 원
10억 원 초과	45%	6,594만 원

Q **만약 1층 식당을 제가 직접 운영하면 건물 임대소득금액은 5,000만 원으로 줄어들지만, 식당을 운영해서 발생하는 사업소득금액이 1억 원이 추가될 것 같습니다. 이렇게 되면 소득세는 얼마나 나올까요?**

A 본인 명의로 임대업과 음식점업을 같이 운영하면 소득금액을 합산해 과세하므로 다음과 같이 소득세가 발생합니다.

- 사업소득금액 = 임대 소득금액 + 음식점 소득금액 = 5,000만 원 + 1억 원 = 1억 5,000만 원
- 소득세 = 1억 5,000만 원 × 35% - 1,544만 원(누진공제액) = 3,706만 원

Q 만약 1층 식당을 배우자와 공동명의(지분율 50:50)로 운영하면, 세금은 어떻게 달라지나요?

A 식당을 배우자와 공동명의로 운영하면 식당 소득금액은 각각 5,000만 원이 됩니다. 소득세는 인별 과세하기 때문에 이런 상황 이라면 각각 소득세는 다음과 같이 계산됩니다.

- 본인 소득세 = (임대 소득금액 5,000만 원 + 음식점 소득금액 5,000 만 원) × 35% - 1,544만 원(누진공제액) = 1,956만 원
- 배우자 소득세 = 음식점 소득금액 5,000만 원 × 15% - 126만 (누진공제액) = 624만 원
- 부부 소득세 합계 = 1956만 원 + 624만 원 = 2,580만 원

배우자와 공동명의로 식당을 운영하면 본인 단독으로 식당과 임 대업을 같이 운영하는 경우와 비교해 세금이 대략 1,000만 원 이상 줄어든다는 것을 알 수 있습니다.

09

감가상각비
처리해야 할까?

★ 감가상각비를 장부에 계상해 상가 임대소득세를 냈다면, 양도소
득세 계산 시 해당 감가상각비는 취득가액에서 차감되어 양도소
득세가 많이 나올 수 있다.

○ → 이 문장은 O입니다. 건물에 대한 감가상각비를 계상해
서 소득세 신고를 하면 소득세는 줄일 수 있습니다. 하지만
소득세 신고 시 반영한 감가상각비는 양도소득세 신고 시
취득가액에서 제외가 됩니다. 다시 말해 추후 차감한 감가상각비만큼 양
도차익이 늘어나서 양도소득세는 더 나올 수 있다는 사실에 주의해야 합
니다.

다시 강조하자면, 소득세 신고방법은 필요경비 처리 방식에 따라 크게 둘로 나뉩니다. 장부를 작성해 경비를 인정받는 방식을 '장부신고'라고 하고, 장부를 쓰지 않아도 비용을 대략 계산해 소득세를 신고할 수 있는데, 이런 방식을 '추계신고'라고 했습니다.

추계신고의 경우, 필요경비는 국세청에서 정하는 일정한 비율로 정해집니다. 간편하게 계산이 되다 보니 5월 초 국세청이 보낸 안내문에 따라 추계 신고하는 상가투자자가 대부분입니다.

추계신고도 두 가지 종류로 나뉩니다. 첫째는 단순경비율 적용입니다. 말 그대로 단순하게 경비의 일정 부분을 인정해 준다는 뜻입니다. 전체 수입금액 중 일정 비율까지는 아무 증빙 없이도 인정해 주는 방식으로, 얼마까지 인정하는지는 업종에 따라 다릅니다.

둘째는 기준경비율 적용입니다. 단순경비율과 비슷하지만 세 가지 경비(인건비, 매입비용, 임차료 등)에 대해서는 반드시 적격증빙을 갖춰야 합니다.

단순경비율 신고

직전연도 상가임대수입금액이 2,400만 원에 미달하면 다음과 같이 소득금액을 계산합니다. (신규사업자의 경우 간편장부대상자인 7,500만 원에 미달하면 단순경비율을 사용할 수 있습니다.)

- 소득금액 = 수입금액 − (수입금액 × 단순경비율, 상가 임대의 경우 41.5%)

기준경비율 신고

직전연도 상가임대수입금액이 2,400만 원 이상이면 다음과 같이 소득금액을 계산합니다.

> • 소득금액 = 수입금액 − 주요경비 − (수입금액 × 기준경비율, 상가임대의 경우 19.9%)

이때 주요경비는 인건비, 매입비, 임차료 등을 말하며 적격증빙을 수취해야 합니다.

장부 신고와 추계신고를 나누는 기준은 납세자의 업종과 전년도 매출액입니다. 일정 기준의 매출액을 넘어서면 의무적으로 장부 신고를 해야 합니다.

정리하면 매출액의 규모가 늘어나게 되면 '추계신고(단순경비율) → 추계신고(기준경비율) → 장부신고(간편장부) → 장부신고(복식부기장부)'의 순서대로 소득신고 방법이 바뀐다고 볼 수 있습니다. 다음 페이지표를 참고합시다.

상가임대사업자들이 눈여겨봐야 할 것은 위 표에서 '부동산임대업'입니다. 상가를 임대해서 받는 수입이 연 7,500만 원 이상이면 규모가 큰 사업자로 간주해 반드시 복식부기를 이용한 장부를 작성해야 합니다. 반면 임대수입이 연 7,500만 원보다 적을 때는 간편장부를 제출해도 됩니다. 간편장부는 가계부처럼 수입과 지출을 날짜 및 항목별로 기록합니다. 국세청 홈페이지에서 '간편장부양식'을 엑셀 파일 형태로 제공하고 있으니 활용하면 좋습니다.

업종별	단순경비율 적용대상자	기준경비율 적용대상자	간편장부 대상자	복식부기 의무자	외부조정 대상자
농업·임업 및 어업, 광업, 도매 및 소매업, 부동산매매업 등	6,000만 원 미만	6,000만 원 이상	3억 원 미만	3억 원 이상	6억 원 이상
제조업,숙박 및 음식점업, 전기·가스·증기 및 수도사업, 하수 폐기물처리·원료재생 및 환경복원업, 건설업, 운수업, 출판·영상·방송통신 및 정보서비스업, 금융 및 보험업	3,600만 원 미만	3,600만 원 이상	1억 5,000만 원 미만	1억 5,000만 원 이상	3억 원 이상
부동산임대업, 전문·과학 및 기술 서비스업, 사업시설관리 및 사업지원 서비스업,교육 서비스업, 보건업 및 사회복지 서비스업, 예술·스포츠 및 여가관리 서비스업, 협회 및 단체, 수리 및 기타 개인 서비스업, 가구 내 고용 활동	2,400만 원 미만	2,400만 원 이상	7,500만 원 미만	7,500만 원 이상	1억 5,000만 원 이상

　　여기서 잠깐! 추계신고 대상자라고 해도 장부 신고가 가능합니다. 추계가 아닌 장부를 작성해 신고할 경우 세금이 줄어드는 때가 있을 수 있습니다. 특히 대출을 많이 받아 이자 비용이 큰 상가투자자는 장부 신고로 절세 혜택을 보는 이들이 많습니다. 그리고 장부를 작성하면 감가상각비를 비용으로 처리할 수 있습니다. 물론 이와 관련한 재산세나 이자 비용 등도 비용처리가 가능합니다. 따라서 장부 신고와 추계신고를 전략적으로 선택해야 한다는 말입니다.

> **Q** 상가를 7억 원(토지 3억 5,000만 원, 건물 3억 5,000만 원)을 주

고 취득했습니다. 취득 시 부대비용은 취득세 3,200만 원, 등기수수료 200만 원, 중개수수료 600만 원 그리고 취득 후 수선비 3,000만 원이 발생했습니다. 취득원가는 얼마인가요?

A 취득원가(취득가액)란 매입가에 취득세, 기타 부대비용을 가산한 금액을 말합니다. 따라서 취득 후 수선비를 제외한 비용은 모두 취득가액으로 할 수 있습니다. (이때 발생한 수선비는 취득이 완료된 후 발생한 비용이므로 당기 비용으로 처리하면 됩니다.)

상가 취득가액은 총 7억 원이나, 이를 토지와 건물로 구분하면 각각 3억 5,000만 원이 됩니다. 부대비용 4,000만 원도 이를 기준으로 계산하면 각각 2,000만 원입니다. 이 내용을 재무상태표에 표시하면 다음과 같습니다.

유형자산 토지 3억 7,000만 원 건물 3억 7,000만 원	부채
	자본

만약 감가상각 연수가 30년이라면 다음과 같이 매년 1,233만 3,333원을 감가상각해 비용으로 처리할 수 있습니다.

• 건물 취득가액 3억 7,000만 원 ÷ 감가상각 연수 30년 = 1,233만 3,333원

Q 그렇다면 이 상가를 5년 후 9억 원에 양도할 때, 양도차익은 얼마인가요? (양도 시 중개수수료는 700만 원이 발생했습니다.)

양도차익은 다음과 같이 양도가액에서 취득가액과 필요경비를 차
감해 계산합니다.

- 양도가액: 9억 원
- 취득가액: 토지 취득가액 + 건물 취득가액 (감가상각비 제외) =
  3억 7,000만 원 + (3억 7,000만 원 - 6,166만 6,666원 = 6억 7,833만
  3,334원
- 필요경비: 중개수수료 700만 원
- 양도차익 = 양도가액 - 취득가액 - 필요경비 = 9억 원 - 6억
  7,833만 3,334원 - 700만 원 = 2억 1,466만 6,666원

여기서 잠깐! 건물에 대한 감가상각비를 계상해서 소득세 신고를
하면 소득세는 줄일 수 있습니다. 하지만 소득세 신고 시 반영한 감
가상각비는 양도소득세 신고 시 취득가액에서 제외가 됩니다. 다시
말해 추후 차감한 감가상각비만큼 양도차익이 늘어나서 양도소득세
는 더 나올 수 있다는 사실에 주의해야 합니다. 따라서 건물에 대한
감가상각비를 계상해서 소득세 신고를 할 것인지, 아니면 이를 계상
하지 않고 추후 양도 시 양도차익을 줄일 것인지에 대해서는 별도 의
사결정이 필요합니다.

10

상가 임대사업자 폐업신고 시,
이것 주의하자

★ 상가임대업을 개시해 10년 내 임의로 폐업하면 폐업 시 잔존재
화에 대해 부가가치세가 부과된다.

O → 이 문장은 O입니다. 상가 임대사업자를 폐업할 때도 주
의해야 할 사항이 있습니다. 환급받은 부가가치세를 다시
반환해야 할 수가 있기 때문입니다. 취득 시 부가가치세를
환급받았을 경우, 환급받은 시점으로부터 10년 이내에 폐업한다면 잔존
재화에 대해 부가가치세가 부과됩니다.

상가를 취득하고 부가가치세를 환급받았다면 주의해야 할 사항

이 있습니다. 환급받은 부가가치세를 다시 반환해야 할 수가 있기 때문입니다. 구체적으로 부가가치세를 환급받은 후 간이과세자로 변경되거나 폐업 시기에 따라 환급받은 부가가치세를 추징당할 가능성이 크다는 사실에 주의가 필요합니다.

먼저 일반과세자에서 간이과세자로 사업자 과세유형이 바뀌면 일반과세자 상태에서 받은 매입세액 중 일부를 반환해야 합니다. 또 과세로 임대하던 것을 면세로 전용하면 환급받은 매입세액 중 일부를 반환해야 합니다. 그리고 상가임대사업을 개시 후 10년 내 임의로 폐업하면 폐업 시 잔존재화에 대해 부가가치세가 부과됩니다.

Q 다음 상가의 부가세는 얼마인가요?
 • 상가매수가액: 6억 원(토지 기준시가: 2억 원, 건물 기준시가: 1억 원)

A 총 공급가액에서 다음과 같이 건물 기준시가 비율을 곱하면 건물 공급가액은 2억 원이 나옵니다. 따라서 부가가치세는 2,000만 원입니다.

• 건물 공급가액 = 총 공급가액 6억 원 × 건물 기준시가 1억 원 / 총 기준시가 3억 원 = 2억 원
• 부가가치세 = 건물 공급가액 × 10% = 2억 원 × 10% = 2,000만 원

참고로 일반과세자 부가가치세 환급신고는 다음과 같이 작성하면 됩니다. 관할 세무서에서 서식지를 작성해 신고해도 되고, 국세청 홈택스를 통해 작성할 수도 있습니다.

일반과세자 부가가치세 신고 서식지

사업자	상호		성명	
	주민등록번호		사업자등록번호	

신고 내용				
구분			금액	세액
과세표준 및 매출세액	과세	세금계산서 발급분		
		기타		
매입세액	세금계산서 수취분	일반매입		
		고정자산매입	200,000,000	20,000,000
		합계	200,000,000	20,000,000
납부(환급) 세액(매출세액-매입세액)				20,000,000

Q 2019년에 상가를 구입해 부가세 3,000만 원을 환급받고, 최근에 폐업했습니다. 사업자가 아닌 상태에서 이 상가를 비영리법인인 교회에 양도했습니다. 이때 부가세는 없었습니다. 그런데 얼마 뒤 관할 세무서에서 폐업 당시 건물 시가를 산정해 부가세를 추징하겠다고 합니다. 무엇이 잘못된 건가요?

A 사업자가 아닌 상황에서 양도한 부동산에 대해서는 부가가치세가 발생하지 않습니다. 따라서 부가가치세 없이 거래를 원하는 사람들은 일단 폐업 후 임대용 부동산을 양도하려고 할 것입니다. 이에 현행 세법은 부가가치세 부담 없이 거래하는 것을 방지하기 위해 폐업 시 잔존 재화에 대해 부가가치세를 부과하는 제도를 두고 있습니다. 단, 이렇게 부담시키는 부가가치세는 당초에 본인이 환급받은 부가가치세가 있어야 추징하며 다음과 같은 방식으로 계산합니다.

- 과세표준: 취득가액 × [1 – (감가상각률 × 경과된 과세기간 수)]
  건물에 대한 감가상각률은 5%, 1과세기간은 6개월
- 부가가치세 = 과세표준 × 10%

정리하면 위 사례에서 부가가치세를 환급받은 후 10년이 지나지 않았으므로, 이 상가는 폐업 시 잔존 재화에 해당해 부가가치세를 내야 합니다. 만약 5년이 남아 있다면 환급받은 세액 중 절반 정도를 반환해야 합니다.

Q. **2022년 1월 1일 구입한 상가 건물가액은 3억 원이고 일반과세자이어서 부가세 3,000만 원을 환급받았습니다. 만약 2025년 1월 1일에 이 사업장을 면세사업용으로 전환하면 부가세를 얼마나 반환해야 하나요?**

A. 과세사업을 면세로 전용하는 경우 역시 더는 부가가치세 세수가 발생하지 않으므로 과세당국은 과도하게 환급해 준 부분을 추징합니다. 위 사례의 경우 10년 중 3년은 과세사업장으로 역할을 했으므로 반환대상이 아니지만, 나머지 7년분은 반환대상입니다. 따라서 당초 환급받은 3,000만 원의 70%인 2,100만 원을 반환해야 합니다.

마지막으로 상가 임대사업자를 폐업할 때도 주의해야 할 사항이 있습니다. 취득 시 부가가치세를 환급받았을 경우, 환급받은 시점으로부터 10년 이내에 폐업한다면 잔존재화에 대해 부가가치세가 부과된다는 사실을 기억합시다.

권말부록.

알면 알수록
돈이 되는
부동산 상식

01

부동산 투자의 적기는
언제일까?

IMF 시절엔 모든 자산 가치가 폭락하면서 우리나라 경제는 거의 멈췄습니다. 정부는 내수를 살리기 위해 5차례 이상 각종 부양책을 쏟아냈습니다. 그로 인해 전국의 모든 아파트 가격이 오릅니다. 당시 서울 재건축 아파트는 하루 사이에 몇천만 원이 뛸 때였습니다. 지방의 자산가들이 몰렸고 서울 강남의 아파트를 사들입니다. 2007년 부산과 서울 아파트 가격 차이가 평균 3억 원까지 벌어지게 됩니다. 이런 수도권의 호시절은 오래가지 못했습니다. 4~5년간 폭등하던 집값은 글로벌 금융위기를 맞으며 다시 하락합니다. 그런데 이상한 현상이 벌어집니다. 전 세계 집값이 하락하는데 부산을 비롯한 지방의 집값이 오르기 시작합니다.

부동산 임대가 처음이라면

대부분 사람은 자신의 전 재산과도 같은 부동산을 너무 감성적으로 대합니다. 그로 인해 많이 올랐을 때 사고, 많이 떨어졌을 때 파는 걸 반복하기도 합니다. 하수의 전형적인 실패의 패턴입니다.

아파트 전세가격이 오르는 것은 하나의 징후입니다. 아파트가 오르고 나면 다음엔 단독주택과 다세대주택 가격이 오릅니다. 그 후엔 주택 신축 수요가 증가해 교통이 좋은 역세권부터 도심지의 토지 가격이 상승합니다.

Q **부동산 투자의 적기는 언제인가요?**

A 부동산 투자는 좋은 타이밍 잡기가 시작점입니다. 이런 이유로 전반적인 시장 흐름을 분석할 줄 알아야 합니다. 초보 투자자 대부분은 시장이 과열된 상태에서 뛰어들곤 하는데, 집값이 급등할 때 투자를 하는 건 매우 위험합니다. 오를 때가 있으면 내릴 때도 있습니다. 시장의 흐름은 늘 움직이기 때문입니다.

우리나라 부동산 시장을 가장 크게 좌우하는 아이템이 바로 아파트입니다. 아파트가 크게 오르고 나면 상가와 토지, 건물이 같이 움직이거나 시차를 두고 들썩입니다. 또 재고 아파트 가격이 상승하면 분양 시장이 호황세를 맞이하고, 이어 재개발, 재건축 현장의 인기 급등으로 이어집니다. 재고 아파트 가격이 오르는 이유는 수요가 늘어나고 있기 때문입니다. 이때는 신규 아파트로 갈아타려는 수요도 함께 증가합니다. 따라서 새롭게 분양하는 아파트 인기가 높아집니다. 이렇게 분양이 잘 되다 보면 더 좋은 입지의 아파트를 찾게 됩니다. 그것이 재개발, 재건축사업장들입니다. 이들 사업장은 40년 이상 된 구도심에 자리하고 있어 조금만 개발되어도 교통과 교육 등 기본 인프라 조건이 좋아지는 장점이 있습니다. 고수 투자자는 이런 부동산 시장 흐름을 파악한 후 각각의 부동산 특성을 알고 투자하므로 성공할 확률이 높아지게 됩니다.

정부의 부동산 대책과 공급물량은 부동산 시장 흐름을 크게 좌우하는 두 가지 요소입니다. 경기가 침체하면 정부는 적극적으로 부동산 부양책을 내놓습니다. 반대로 주택시장이 과열되면 정부는 또 나섭니다. 각종 규제정책으로 부동산 시장에 개입해 시장의 흐름을 바꾸곤 합니다. 결국, 시장은 반복해서 오르락내리락하는 현상이 나타나는데, 이것이 흐름입니다.

과거 1970년대에는 수도권 개발이 한창 진행되었습니다. 토지투자가 과열 양상을 띠게 되자 정부는 토지 양도소득세와 재산세를 강화했습니다. 1980년대에는 주택 부족 현상으로 택지 공급 확대와 신도시 건설 투자가 기승을 부렸습니다. 이에 정부는 투기억제책으로 종합토지세와 토지 공개념 3법을 도입했습니다. 그러다 주택 200만호 건설로 인해 시장이 침체 되자 다시 부양책을 발표했습니다. 1990년대 후반 IMF 사태가 터졌습니다. 분양가 자율화와 전매 허용, 양도소득세 한시 면제, 중도금 지원, 재건축 아파트 자금 지원 등 부양책이 쏟아졌습니다.

2000년대에는 재건축 아파트 가격 상승 폭이 커지면서 재건축 관련 규제가 무더기로 나왔습니다. 투기 자본이 난리를 치자 2007년 1월 분양가 상한제와 원가 공개, 담보대출 제한, 전매제한 조치가 떨어졌습니다. 재건축 아파트 상승세가 꺾이는 계기가 됩니다. 그 무렵 글로벌 금융 위기가 찾아옵니다. 그러자 정부는 다시 부양책을 내놓게 됩니다. 그런데 부동산 대책으로 부동산 가격이 하락했던 경우는 한 번도 없었습니다. 이런 사실로 우리가 알 수 있는 내용은 아무리 강한 규제책이 도입되어도 부동산 시장은 관망세를 보이며 가격 하락으로 이어지지 않았다는 것입니다. 하지만 부양책은 대부분 효과가 있었습니다.

공급물량은 부동산 시장 흐름을 만드는 두 번째 요소입니다. 부동산 정책보다 훨씬 더 중요한 변수가 공급물량(입주 물량으로 보는 것이 더 정확합니다.)입니다. 우리나라에선 아파트 공급물량이 대부분 선분양입니다. 그러므로 분양과 입주 시점에 시차가 발생합니다. 그런데 분양과 입주, 이 두 가지 중 시장에 영향을 미치는 것은 후자입니다. 새 아파트를 장만하려면 견본주택도 보고 청약하고 분양을 받습니다. 새집으로 이사를 하는 시기는 2~3년이 흘러야 합니다. 이 과정에서 기존에 살던 집이 쏟아집니다. 공급물량이 쏟아지니 자연히 집값은 내려갑니다. 우리나라에서도 대량의 공급이 이뤄진 때가 있었습니다. 1989년 주택 200만 호 건설이 발표되고, 입주는 1991년부터였습니다. 경제위기를 빼고 인위적으로 집값이 내려간 건 이때가 거의 유일합니다.

2000년대 들어선 형편이 달라집니다. 2004년 카드 대란 후 수도권 집값이 급등합니다. 그런데 지방은 꼼짝하지 않았습니다. 바로 입주 물량 때문입니다. 분양 물량이 카드 대란을 겪으면서 제대로 소화를 하지 못한 상태였습니다. 입주 시기가 되었지만, 모두 미분양으로 남게 된 것입니다. 아무리 좋은 부동산 대책이 있더라도 공급물량이 많다면 가격 상승은 기대하기 어렵다는 사실을 과거 사례를 통해 알 수 있습니다.

Q **상가 임대차 및 매매에 대한 중개수수료 계산은 어떻게 하나요?**

A 다음과 같습니다.

- 상가 임대차 중개수수료 = [전세보증금 + (월임차료 × 100)] × 0.9%
  (이때 월임차료에는 부가가치세를 제외함)

- 상가 매매 중개수수료 = 거래금액 × 0.9% 이내

02

임대차 계약서 특약 사항,
이렇게 쓰면 임대인에게 유리하다

'세입자는 집주인과 합의하에 계약갱신요구권을 행사하지 않기로 한다', '세입자는 집주인과 합의에 따라 전입신고를 하지 않기로 한다', '전입신고를 하여 발생하는 집주인의 손해에 대해서는 임차인이 배상하기로 한다.'

위와 같이 본 계약서에 집주인이 아무리 유리하게 특약 사항을 작성한다 하더라도 주택 임대차보호법을 위반한 특약 사항은 무효가 됩니다.

Q 이번에 오피스텔을 분양받았는데, 오피스텔에 세입자가 전입신고를 하면 1세대 2주택이 되기 때문에 세입자가 전입신고를 하지 않

는 조건으로 계약을 체결하였고 이를 특약 사항에 명시했습니다. 이런 경우에 세입자가 전입신고를 한 경우 이에 대한 배상을 저는 요구할 수 있나요?

A 오피스텔은 업무용으로 사용하는 게 원칙이지만, 실제로는 주거용으로 많이 임대하기도 합니다. 이런 경우 집주인은 오피스텔을 주택으로 잡히기 싫어 세입자에게 보증금이나 월세를 조금 저렴하게 임대하는 대신 전입신고를 하지 않는 조건을 제시하기도 합니다. 집주인과 세입자가 이렇게 합의했더라도 실제 사용 용도가 주거용이면 합의 내용은 무효이며 법적 구속력이 없습니다.

또한, 세입자가 전입신고를 하지 않더라도 구청 또는 세무서에서 오피스텔의 사용 용도에 대해 전수조사 등으로 인해 실제 사용 용도가 주거용으로 밝혀질 때는 건축물 부가가치세 환급분에 대해 추징될 수 있고, 추후 주택 수로 산정되어 세금에 대해 불이익이 있을 수 있습니다. 그리고 세입자가 합의한 내용을 어겨 전입신고를 해 발생하는 집주인의 손해에 대해서 세입자가 배상하기로 한다는 특약도 무효가 됩니다. 임차인에게 불리한 조항으로 법적 구속력이 없기 때문입니다.

Q 그러면 특약 사항을 어떻게 기재해야 집주인에게 유리할까요?

A 주택 임대차보호법에 위반되는 특약 사항은 모두 무효이므로 주택 임대차보호법에 위반되지 않는 조건에서 다음과 같이 특약 사항을 기재하면 좋습니다.

1. 현 시설물 상태에서 임대차 계약을 진행하며, 세입자는 기본시설물 훼손(벽 못질, 벽걸이 TV 설치, 싱크대 정수기 설치 등) 및 파손 시 원상복구 또는 실비 변상하기로 하며, 실비 변상 시에는 집주인은 보증금에서 변상 금액을 차감 후 보증금을 반환하기로 한다.

2. 세입자는 입주 후 3일 이내 옵션 상태 등의 이상 유무에 대해 이상이 있는 부분은 집주인에게 통보 후 수리받을 수 있으며, 퇴실 시옵션 상태 등의 이상 유무를 점검하여 파손 및 훼손이 확인될 시원상 복구(변상)해야 한다. (옵션 사항 : 에어컨, 냉장고, 전기쿡탑, 오븐렌지, 세탁기, 건조기, 침대, TV 등)

3. 세입자가 집주인의 동의 없이 임차 주택을 제3자에게 전대차 하는경우 집주인은 즉시 계약을 해지하고 세입자는 명도 책임 및 법적비용에 대한 책임을 진다.

4. 세입자는 사용하는 개별 및 공동관리비, 예치금(퇴실 시 반환)은 임차인이 부담하고 잔금 지급일을 기준으로 집주인은 정산한다.

5. 세입자의 입주 전 제공된 물품(스마트키, 에어컨 리모컨, 소화기, 선반등)은 계약 만료 시 반납해야 하며 분실 시 집주인은 그에 상응하는 금액을 보증금에서 차감하고 보증금을 반환한다.

6. 세입자는 임대차 계약 기간 내 집주인 변경이 있을 수 있음을 인지

하고 계약하며, 집주인의 매매계약에 적극 협조해야 하고 부동산 방문에 협조하도록 한다.

7. 계약 기간이 만료되기 전에 퇴실 할 경우 세입자는 같은 조건의 세입자를 구하고 중개수수료는 임차인이 부담하며 새로운 세입자가 들어오기 전까지 월세, 관리비는 기존 세입자가 부담한다. 또한, 보증금 반환은 새로운 세입자의 보증금이 납입된 후에 한다.

8. 세입자는 월 임대료를 매월 정해진 기일 내(입주일, 입주가 지연된 경우에도 입주일 기준) 내야 하며, 이를 내지 않을 경우에는 미납 임대료에 대하여 법정최고이율을 적용하여 계산한 연체 이자를 더하여 내야 한다. 만일 월세를 2회 이상 미납상황에서 2주일 이상 연락 두절 시 에는 임대인은 내용증명을 생략하고 단전·단수 및 강제명도 등을 조치할 수 있으며, 임차인은 민형사상 이의를 제기하지 않는다.

9. 임차인은 계약 만기 2개월 이전까지 임대인에게 해지 혹은 연장 여부를 통보하며 미통보 시 계약은 자동 연장된다. 연장 여부 미통보로 자동연장이 된 상태에 퇴실을 통보하였을 시 3달 동안 다음 세입자를 구할 기간을 보장하며, 보증금은 퇴실 통보 3달 후 반환된다. 3달 동안의 임대료와 월세는 세입자가 납부한다.

10. 임차인은 층간 소음 발생, 소란 및 건물 내에서의 3자에게 피해를

주는 행위를 할 경우 강제 퇴실을 명할 수 있다.

11. 애완동물 사육 및 실내흡연(전자담배 포함)을 금지하며, 위반 시 집주인은 즉시 계약해지 및 세입자는 이로 인한 훼손 또는 파손 부분에 대해 변상 조치해야 하며, 특수청소비용을 보증금에서 차감하고 지급한다.

12. 입주청소는 임차인이 직접 진행하며, 계약 기간 만료 후 퇴실 점검 시 세대 내부 오염이 심하거나 잡동사니(폐기물)가 방치되어 있을 경우 집주인은 세입자에게 추가 청소비와 폐기물처리비용을 청구할 수 있으며, 세입자가 비용을 지급하지 않을 경우 보증금에서 차감하고 보증금을 반환한다.

13. 계약 만기 60일 전부터 집주인은 다음 세입자를 구하기 위해 부동산 중개인에게 방을 보여 줄 수 있으며, 세입자는 이에 적극적으로 협조한다.

14. 비상연락처(1) : 관계   연락처
    비상연락처(2) : 관계   연락처

03

LH전세임대에 대해
알아두자

보통 임대차 계약을 하면 집주인과 임차인이 계약을 맺고 임차인
이 거주합니다. 하지만 LH전세임대는 집주인과 한국토지주택공사
(LH)가 임대차 계약을 맺고 실제로 집에 거주하는 사람은 LH전세임
대 지원 대상자입니다. LH전세임대는 보통 전세 또는 반전세 형식
으로 많은 계약이 체결됩니다. 아무래도 주거 취약 계층(수급자, 장애
인, 한부모 가족), 신혼부부, 청년(대학생, 취업준비생), 소년소녀가장, 전
세사기 피해자가 대상자인 만큼 실 거주자의 주거 비용(월세)을 지원
하는 제도라고 보면 됩니다. 주택임대사업을 하다 보면 공인중개사
사무소에서 LH전세임대가능 여부를 종종 집주인에게 물어봅니다.
그래서 주택임대사업을 준비하고 있다면 기본적인 내용은 숙지하고

부동산 임대가 처음이라면

있어야 합니다.

Q **LH전세임대 가능 조건이 따로 있나요?**

A LH전세임대 지원이 가능한 주택이 정해져 있습니다. 다음과 같습니다.

1. 단독, 다가구, 다세대, 연립주택, 아파트, 주거용 오피스텔 등 공부상 용도가 주택으로 등재되어 있는 경우만 지원 가능하며 오피스텔의 경우 공부상 업무용 시설로 되어 있더라도 주거용(바닥난방, 취사시설, 화장실을 구비해 주거용으로 이용하는 경우)으로 실제 이용 시 확인 심사 후 예외적으로 지원 가능합니다.
2. 공무상 전용면적이 85㎡ 이하인 주택이어야 하는데, 5인 이상 가구, 미성년자 3인 이상 가구는 85㎡ 초가 주택도 지원 가능합니다.
3. 건물 및 토지가 등기되어 있고 건물 및 토자 소유주가 동일한 주택이어야 합니다.
4. 압류나 가압류 설정 등 소유권 행사에 제한이 있는 주택이 아니어야 합니다.
5. 대상자 및 배우자의 직계존비속 소유의 주택이 아니어야 합니다.
6. 매입임대주택(우리공사 소유 등) 및 공공지원 임대주택이 아니어야 합니다.
7. 전세임대주택 보증보험 가입이 가능한 주택(근저당 등 부채비율이 90% 이하)이어야 합니다.

8. 전세사기 등을 방지하기 위하여 임대인의 SGI(서울보증보험)의 전세금 관련 보험사고자가 아니어야 합니다.

9. 임대인이 상습 채무불이행자가 아니어야 합니다.(여기서 사고임대인이란 SGI(서울보증보험)의 전세임대주택신용보험 또는 전세금보장신용보험의 보험사고자로서, 보험사고 관련 채무를 완제하지 아니한 자입니다.)

10. 부채비율 90% 이하인 주택

[Q] **10번 항목에 부채비율 90% 이하인 주택에서 주택가격은 어떻게 산정 하나요?**

[A] 주택가격은 다음 항목 중 낮은 금액으로 산정합니다.

1. 국토교통부에서 공시하는 주택가격의 140%에 해당 금액
2. 부동산 등기부 등본에 등재된 실세 거래가격(최근 1년 이내)
3. 국민은행(KB)에서 제공하는 시세(최상, 최하층은 하위평균가, 기타 층은 일반평균가 적용)
4. 감정평가금액(1~3번까지의 가액이 시세를 반영하지 못하는 경우 등 부득이한 경우 감정평가 법인에 의뢰하여 감정평가금액을 산정할 수 있으나, 이 경우 평가 기간이 다소 소요됨)
5. 오피스텔의 경우 국세청장이 고시하는 주택가격의 140% 해당 금액

예를 들어 오피스텔의 경우 2번과 3번, 5번 중 제공되는 금액의

제일 낮은 금액을 주택가격으로 보며, 공동주택의 경우 1번, 2번, 3번 중 제공되는 금액의 제일 낮은 금액을 주택가격으로 봅니다. 만약 해당 주택이 1번, 2번, 3번, 5번 모두 제공되는 주택가격이 없는 경우 4번 감정평가를 통해 해당 주택의 가격을 산정할 수 있습니다.

Q 그러면 부채는 어떻게 산정 하나요?

A 부채는 선순위 채권금액과 계약하려고 하는 임차보증금의 합계입니다. 선순위 채권금액은 해당 주택에 설정되어 있는 근저당권 채권최고액이라고 생각하면 됩니다. 가령 해당 주택의 근저당권이 5,000만 원이 설정되어 있고, LH전세임대 보증금 5,000만 원을 받으려고 하는 경우 총부채는 1억 원이 됩니다.

주택가격 산정에서 2번과 3번 항목에서 제공되는 가격이 없는 경우 오피스텔을 예로 들어보겠습니다. LH전세임대를 놓으려고 하는 오피스텔의 주택가격(기준시가×면적)이 1억 원인 경우 주택가격은 1억 4,000만 원(주택가격의 140% 해당 금액)이 됩니다. 1억 4,000만 원에서 부채비율 90%를 적용하면, 1억 2,600만 원이 됩니다. 그러므로 근저당권 채권최고액과 임차보증금 합계가 1억 2,600만 원 이하가 되는 경우 LH전세임대를 놓을 수 있습니다.

Q LH전세임대 계약의 장점은 무엇인가요?

A LH전세임대계약을 체결할 경우 장점은 다음과 같습니다.

장점 1.

LH전세임대 물건이 시장에 많이 없기 때문에 반전세로 임대하는 경우 시세보다 조금 높은 월세를 받을 수 있습니다. LH전세임대 물건이 시장에 많이 없는 이유 중 하나는 일반 전세계약과 달리 전세보증금을 받아 당일 근저당권을 말소하는 조건으로 계약할 수 없습니다. 그러므로 집주인이 미리 근저당권을 상환해야 하는데 목돈을 가지고 있는 집주인이 생각보다 많지 않습니다.

장점 2.

저렴한 가격으로 주택 또는 오피스텔을 매입(경매, 공매, 급매 등)해서 선순위 근저당을 두고도 LH전세임대를 받을 수 있습니다. 보통 일반 전세계약은 선순위 근저당을 두는 조건으로는 세입자들이 전세계약을 체결하지 않습니다. 전세 사기 이슈 때문에 근저당이 없는 집이나 최소한 잔금일 당일 근저당을 말소하는 조건의 주택을 찾기 때문입니다. 하지만 LH전세임대는 선순위 근저당이 있더라도 근저당 채권최고액 금액과 임차보증금 합계(부채비율)가 주택가격의 90% 이내라면 한국토지주택공사(LH)에서 계약을 체결합니다. 실제로 실 거주자의 자기부담금은 100만 원 내외로 대부분의 전세금을 LH에서 지급하고 LH가 서울SGI보증보험을 가입하기 때문에 실 거주자는 선순위 근저당에 대해 크게 신경 쓰지 않습니다.

장점 3.

2번을 잘 활용하면 추후 매매도 쉽게 할 수 있습니다. 가령 집주인이 해당 주택 또는 오피스텔을 급매 또는 경매를 통해 1억 원에 낙찰받았다고 가정합시다. 해당 주택 또는 오피스텔의 주택가격이 1억 5,000만 원(공시가격 또는 기준시가)인 경우 해당 주택 가격(140%)은 2억 1,000만 원이 됩니다. 부채비율 90%를 적용하면 1억 8,900만 원이 되는데 LH전세임대 세입자가 LH로부터 지원 가능 금액이 1억 원이라면 나머지 차액 8,900만 원에 대해서는 월세를 받을 수 있습니다. 만약 보증금 1억 원, 월세 30만 원으로 계약을 체결한 경우에는 선순위 근저당권 채권최고액 기준으로 8,900만 원을 남겨둘 수 있으며, 이 주택을 1억 5,000만 원에 매매한다고 가정하면 매수인은 3,900만 원을 매도인에게 더 받고 집을 매입할 수 있는 것입니다. 매도인 입장에서는 1억 원에 집을 사서 LH전세임대 세입자을 셋팅하고 1억 5,000만 원에 팔아도 5,000만 원(양도소득세, 취득세는 미포함)이 남으며 매수인 입장에선 3,900만 원이라는 금액을 받고 집을 매수할 수 있는 기회가 생긴겁니다. 참고로 LH전세임대 대상자들의 지원금액을 보면 9,000만 원~1억 1,000만 원 유형이 가장 많습니다. 물론 받는 월세로 근저당권 이자와 재산세를 납부할 수 있다면 손해도 없습니다.

장점 4.

경험상 LH전세임대 실 거주자는 오래 거주하길 원합니다. 괜

찮은 집을 한번 계약하면 더 괜찮은 집을 찾기가 힘들기 때문에 한 번 거주하면 보통 전세계약은 2년 단위로 이뤄지지지면 2년 이상 거주하는 분들이 많습니다.

장점 5.

LH전세임대계약은 임대인 중개수수료도 신청하면 지원이 가능합니다. 보통 공인중개사가 LH홈페이지에 매물등록을 하고 그 뒤 실 거주자의 LH전세임대 지원신청서를 법무사에게 제공하고 계약일에 임대인 중개수수료 지원 양식을 법무사에게 제공하면 본 계약에 관한 임대인 중개수수료도 일부 지원받을 수 있습니다.

Q LH전세임대 계약의 단점은 무엇인가요?

 LH전세임대계약을 체결할 경우 단점은 다음과 같습니다.

단점 1.

LH전세임대 세입자의 자기부담금은 100만 원~300만 원 등 다양하게 있습니다. 자기부담금은 실 거주자인 입주자가 내는 부담금으로 자기부담금이 너무 낮은 경우에는 추후 계약 만료시에 집 내부를 점검하였을 때 하자보수 비용 또는 폐기물 처리비용이 많이 나온다면 임대인이 손해를 보거나 실 거주자에게 추가 비용을 요구해야 합니다. LH전세임대에서 LH에서 지급하는 전세보증금을 하자보수 AS비용으로 차감할 수가 없기 때문입니다. 그래서 일반 전세계약과 달리 계약 만료 시에는 전세보증금을 LH에 반환해야 합니다. 만약 1억 전세계약을 체결하고 9,500만 원이 LH돈이고, 500만 원이 실거주자 돈이라면 9,500만 원은 반드시 LH로 반환해야 하고 500만 원은 실거주자에 반환하거나 LH에 반환하여 실거주자가 LH통해 전세금을 돌려받게 해야 합니다.

단점 2.

임대차 계약이 종료되기 2개월 전에 실거주자 또는 한국토지주택공사(LH)가 계약을 연장하지 않고 해지 통보를 하게 되었을 때 계약만료일에 반드시 전세보증금을 반환해주어야 합니다. 일반 전세계약에서는 임차인과 협의해서 조금 기다려달라고 부탁하거나 새로운 세입자를 구할 때까지 양해를 구하면 되지만 LH는 계약만료일에 보증금 반환이 안 될 경우 그에 따른 이자와 해당 주택에 임차권등기명령 신청을 통해 임차권등기를 하고 해당 주택을 경매에 넘길 수 있습니다.

단점 3.

LH계약 과정에서 실거주자가 계약파기를 해버리면 임대인에게 큰 손해가 발생할 수 있습니다. 우선 LH계약 과정을 살펴보면 실 거주자와 가계약(통상 가계약금 100만 원 전후) - 법무사 권리분석(해당 물건이 근저당을 감액등기해야 하는 경우 또는 말소등기가 필요한 경우 임대인이 먼저 감액등기 또는 말소 후 권리분석

진행) - 계약서 작성 - 계약서 작성일로부터 3~4주 뒤 잔금 지급이 됩니다. 만약 LH전세임대 세입자와 가계약을 체결하고 계약조건에 따라 선순위 근저당을 5,000만 원 감액등기 해야 하는 경우라서 은행에 중도상환 수수료와 법무사 비용을 들여 감액등기를 마쳐놓고 LH와 본 계약까지 체결했는데 잔금일을 하루 앞두고 실거주자가 사정이 생겨 이사를 못 해버리겠다고 하면 임대인은 큰 손해가 발생합니다. LH는 실 거주자가 계약파기를 해버리면 잔금일에 전세금을 지급하지 않기 때문입니다. 그래서 LH계약을 할 때 가계약금 명목으로 보증금의 5%또는 10%를 받고 잔금일에 자기부담금을 제외하고 나머지 차액을 반환해주는 조건으로 계약금을 많이 받아둬야 합니다. 그래야 실 거주자가 계약파기를 할 때 신중하게 생각할 것이며 더 좋은 집(LH가능주택)이 나오더라도 단순 변심을 하기가 쉽지 않습니다.

04

저가주택이나 소형주택에
주목하자

조정대상지역으로 지정되면 취득에서부터 보유, 양도에 이르는 모
든 단계에서의 각종 세금규제를 받았습니다. 2주택 이상 다주택자의
경우 취득세와 양도소득세는 중과되고, 종합부동산세도 높은 세율
로 세금을 부담해야 했습니다.

하지만 일정한 규모 이하의 저가주택이나 소형주택일 때는 주택
수에 포함되지 않거나 오히려 세금 혜택을 주는 경우도 많습니다. 특
히 지방의 경우 소형이면서도 저가인 주택이 많다 보니 다주택자들
의 눈길을 사로잡았습니다.

다주택자 대부분은 임대사업을 하고 있습니다. 수십, 수백 채를
임대하는 덩치 큰 사업자도 많습니다. 그래서 다주택자는 임대소득

세에 민감합니다. 특히 지난 2019년부터는 2,000만 원 이하의 소액 임대소득에 대해서도 전면 과세가 시작되는 등 임대사업자에 대한 규제가 많아졌습니다.

하지만 소규모주택을 임대하는 경우에는 예외가 적용되고 있습니다. 소형임대주택의 경우 소득세를 최대 75%까지 감면해줍니다. 다시 말해 소득세가 100만 원이 나오면 75만 원은 빼고 25만 원만 내면 되는 파격적인 혜택입니다.

Q **소득세가 감면되는 소형 임대주택 기준은 어떻게 되나요?**

A 소형주택이란 전용면적 85㎡ (지방의 읍·면지역은 100㎡) 국민 주택규모 이하의 주택 및 부속토지로서 기준시가 합계액이 해당 주택의 임대개시일 당시 6억 원을 초과하지 않는 주택을 말합니다. 각각의 임대주택이 요건을 갖추면 되기 때문에, 저가의 소형주택을 여러 채 갖고 있더라도 혜택을 받을 수 있습니다.

임대주택은 의무임대 기간이 있습니다. 4년 이상 단기임대를 선택한 경우에는 해당 임대소득세의 30%를 감면받을 수 있고, 10년 이상 장기임대로 빌려줬다면 75%까지 소득세액 감면을 받을 수 있습니다. 다만, 2주택 이상을 임대하면 소득세 감면비율이 4년 20%, 10년 50%로 떨어집니다.

다음 표를 참고합시다

구분	의무임대 기간	2021년 이후	
		1호 임대	2호 이상 임대
건설임대주택	4년 이상	30%	20%
매입임대주택	4년 이상	30%	20%
장기일반민간 임대주택	8년, 10년 이상	75%	50%

전세로 임대를 하면 보증금을 임대료로 환산한 간주임대료로 소득세를 부과합니다. 소형주택은 간주임대료를 계산하지 않는 혜택도 있습니다. 따라서 소형주택을 전세로만 임대주고 있다면 소득세 걱정을 하지 않아도 됩니다. 임대주택이 기준시가 2억 원 이하이면서 전용면적 40㎡ 이하인 경우, 간주임대료 산출대상에서 제외됩니다. 다음 표를 참고합시다.

기준	혜택
기준시가 6억 원 이하 + 85㎡ (지방 읍면 100㎡) 이하 임대주택	임대소득세 세액감면
기준시가 2억 원 이하+40㎡ 이하 임대주택	임대소득세 간주임대료 산출 제외

종합부동산세도 주택이 작고, 가격이 낮을수록 혜택을 누립니다. 매매나 증여, 상속받은 매입임대주택은 공시가격 6억 원 이하 (수도권 외 3억 원 이하)이면 종합부동산세를 계산할 때, 다른 주택과 합산하지 않습니다. 이를 합산배제라고 부릅니다.

직접 건설해서 임대한 건설임대도 공시가격 9억 원 이하이면서 149㎡ 이하이면 합산배제 됩니다. 2005년 1월 5일 이전에 임대사업자로 등록하고 임대하는 기존 임대주택은 3억 원 이하이면서 85㎡ 이하이면 종합부동산세를 따로 계산합니다. 다음 표를 참고합시다.

구분	주거전용면적	주택 수	공시가격	임대 기간
건설임대	149㎡ 이하	시도별 2호 이상	9억 원 이하	5년 이상
매입임대	-	전국 1호 이상	6억 원(비수도권 3억 원) 이하	5년 이상
기존임대	85㎡(지방 읍면 100㎡) 이하	전국 2호 이상	3억 원 이하	5년 이상

종합부동산세는 1세대 1주택자에게 특히 많은 감면 혜택을 줍니다. 기본공제도 높고, 장기보유나 고령자에 대한 특별공제도 받을 수 있습니다.

2023년부터는 이렇게 종합부동산세 과세대상의 1세대 1주택 여부를 결정하는 주택 수 산정에서도 작고 싼 집이 혜택을 받습니다. 지방의 공시가격 3억 원 이하 주택은 주택 수 산정에서 제외되는 규정이 새로 생기기 때문입니다. 또 2023년부터는 공시가격 6억 원 이하(지방 3억 원 이하)인 상속주택도 종합부동산세 1세대 1주택 특례를 적용할 때, 주택 수에 포함하지 않게 됩니다. 다음 표를 참고합시다.

기준	혜택
공시가격 3억 원 이하 지방 주택	종합부동산세 1세대 1주택 산정 시 주택 수 제외
공시가격 6억 원(지방 3억 원) 이하 상속주택	

부동산 임대가 처음이라면

작고 싼 집에 대한 혜택은 집주인뿐만 아니라 세입자에게도 적용됩니다. 세입자에 대한 혜택은 임대한 집주인에게도 임차인 구하기가 수월해지는 등 도움이 됩니다.

전세보증금 등 주택을 임차하기 위해 은행에서 대출받은 주택임차차입금이 있다면, 그 원리금 상환액을 연 400만 원까지 연말정산에서 소득공제 됩니다. 이때, 국민주택규모 이하일 때에만 공제 혜택을 줍니다.

또 1주택자가 장기주택 담보대출을 받은 경우에도 취득 당시 기준시가가 6억 원 이하이면 이자 상환액이 최대 2,000만 원까지 소득공제 됩니다.

그리고 무주택 근로자가 국민주택규모 이하의 주택이나 기준시가 4억 원 이하의 주택에 월세로 세 들어 살 때, 연간 월세액 중 17%(종전 12%)를 1,000만 원까지 세액공제 되는 혜택도 있습니다.

05

임대차계약 기간 중
임차인 사망했다면?

사람이 사망한 경우 그 재산상의 지위를 포괄적으로 승계하는 것을
상속이라고 말합니다. 피상속인은 사망한 사람이고, 상속인은 상속
을 받은 사람입니다. 상속재산은 유언장에 따라 분배하는 것이 원칙
입니다. 다만, 유언장이 없는 경우에는 상속인 간의 합의대로 분배하
며 합의가 이루어지지 않을 것을 대비해 상속의 순위가 민법에 규정
되어 있습니다.

　다음과 같이 피상속인의 직계비속과 배우자, 직계존속, 형제자
매, 4촌 이내의 방계혈족의 순서로 상속인이 정해집니다.

상속의 순위

1순위	피상속인의 직계비속 + 배우자
2순위	피상속인의 직계존속 + 배우자
3순위	피상속인의 형제자매
4순위	피상속인의 4촌 이내 방계혈족

Q 세입자가 임대차계약 기간 중에 사망했습니다. 갑자기 사망한 세입자와 체결한 임대차 계약의 효력에 관해 혼란스럽습니다.

A 결론부터 말하자면 임차인이 사망해도 임대차 계약은 자동으로 종료되지 않습니다. 사망을 이유로 임대인 또는 상속인(유가족)이 임대차 계약을 일방적으로 해지할 수 없습니다. 임차권도 상속재산에 해당합니다. 따라서 상속인이 기존 임대차 계약상 권리·의무를 그대로 승계한다고 보면 됩니다.

Q 상속인이 임대차기간이 남았는데, 임대차 계약 해지를 원합니다.

A 상속인이 임대차 계약 중도해지를 원한다면, 상속인과 집주인 간 협의를 통해 중도해지 여부를 결정하면 됩니다. 만약 집주인이 거부한다면, 원래 임대차 계약 기간이 종료될 때까지 임대차 계약은 유지되며 그 이후에 보증금을 반환할 의무가 발생합니다.

Q 보증금 반환절차는 어떻게 되나요?

A 보증금 반환절차는 다음과 같은 단계로 진행하면 됩니다.

1. **상속인 확인**: 보증금을 반환하기 전에 상속인을 확인하는 절차가 필요
   - 사망진단서 및 제적등본: 사실을 확인할 수 있는 서류
   - 호적등본 및 가족관계증명서: 상속인의 신분과 상속순위를 확인할 수 있는 서류

2. 합의서 작성

만약 상속인이 다수라면, 모든 상속인의 동의하에 보증금을 반환해야 한다. 각 상속인이 보증금 반환에 대한 합의서에 서명하도록 하며, 합의서에 대표 상속인을 명시하고 대표 상속인이 보증금을 수령한다는 내용을 표시하면 된다. 만약 상속인 간 협의가 어렵다면 법원에 공탁하는 방법을 고려하자.

여기서 잠깐! 주택 임대차보호법에는 임차권의 상속과 관련하여 민법과 달리 규정한 부분이 있어 주의해야 합니다. 민법에 따르면 사실상의 혼인 관계를 유지하는 배우자에 대하여 상속인의 지위를 인정하고 있지 않습니다. 그러나 주택 임대차보호법에 따르면 임차인이 사망한 때에 사망 당시 상속인이 그 주택에서 함께 생활하고 있지 않은 경우, 그 주택에서 같이 생활을 하던 사실혼 관계의 배우자와 2촌 이내의 친족이 공동으로 임차권을 상속받도록 하고 있습니다. 사실혼 배우자가 피상속인이 사망한 후에도 안정적으로 가정생활을 유지할 수 있도록 배려하는 취지입니다.

결국, 임대인은 적법한 상속인을 찾아 임대차 계약에 따른 권리·

의무를 부담하도록 하여야 합니다. 다시 말해 임대차계약 기간이 종료하면 임대인은 적법한 상속인에게 임대차보증금을 반환해야 하고, 이때 적법한 상속인을 알 수 없거나 상속인이 존재하지 않는 때에는 법원에 임대차보증금 상당액을 공탁해 임대차보증금 지급의무를 면할 수 있습니다.

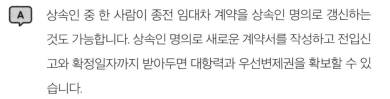

Q 임대차 계약을 계속 유지하는 것도 가능한가요?

A 상속인 중 한 사람이 종전 임대차 계약을 상속인 명의로 갱신하는 것도 가능합니다. 상속인 명의로 새로운 계약서를 작성하고 전입신고와 확정일자까지 받아두면 대항력과 우선변제권을 확보할 수 있습니다.

06

퇴거하지 않는
임차인 어떻게 해야 하나?

Q 임대차 계약 종료 후에도 임차인이 퇴거하지 않아 골머리를 앓고 있습니다. 이럴 때는 어떻게 해야 하나요?

A 이러한 상황이 닥치면 흔히 떠오르는 해결책이 바로 '명도소송'입니다. 그러나 소송이라는 것은 비용과 시간이 만만치 않게 소요되는 절차입니다. 이를 조금이라도 간소화하고 명확한 법적 근거를 마련하려면 내용증명부터 발송하면 좋습니다. 내용증명을 통해 이미 계약이 끝났고 퇴거요청을 정식으로 전달했다는 사실을 분명히 입증할 수 있기 때문입니다.

부동산 임대가 처음이라면

특정한 내용을 담은 문서를 상대방에게 발송한 사실을 우체국이 공식적으로 증명해 주는 제도가 바로 내용증명입니다. 일상에서 쓰이는 단순 우편과 달리, 발송날짜와 문서 내용이 그대로 기록돼 이후 분쟁이 발생했을 때 강력한 증거 역할을 합니다. 특히 임대차 관계에서는 임대인이 임차인에게 계약 종료 사실과 명도(퇴거) 요청을 정식으로 통보하는 도구로 널리 활용되고 있습니다. 구두 통보나 일반우편은 차후에 그 효력을 부인당하기 쉽지만, 내용증명은 그 자체로 법정에서 신뢰할 만한 증거력이 있기 때문입니다.

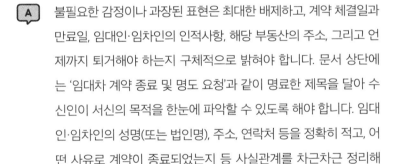

내용증명은 어떻게 작성해야 하나요?

불필요한 감정이나 과장된 표현은 최대한 배제하고, 계약 체결일과 만료일, 임대인·임차인의 인적사항, 해당 부동산의 주소, 그리고 언제까지 퇴거해야 하는지 구체적으로 밝혀야 합니다. 문서 상단에는 '임대차 계약 종료 및 명도 요청'과 같이 명료한 제목을 달아 수신인이 서신의 목적을 한눈에 파악할 수 있도록 해야 합니다. 임대인·임차인의 성명(또는 법인명), 주소, 연락처 등을 정확히 적고, 어떤 사유로 계약이 종료되었는지 등 사실관계를 차근차근 정리해야 합니다.

퇴거요청 시에는 '언제까지 퇴거하라'라고 특정 날짜를 정하고, 이를 이행하지 않을 때, 명도소송이나 강제집행 등을 진행하겠다는 점을 분명히 고지해야 합니다. 마지막으로 작성 날짜와 임대인의 서명 또는 날인으로 문서의 형식을 완비합니다. 내용증명은 팩스나 이메일 형태로 보내서는 법원에서 증거로서 완전한 신뢰를 얻기 어려울 수 있으므로, 반드시 우체국을 통한 등기우편 방식을 취해야 합니다.

그리고 내용증명을 발송할 때는 원본과 같은 문서를 보통 3부 준비합니다. 한 부는 우체국에서 보관하고 다른 한 부는 수신인에게, 나머지 한 부는 발신인이 보관하게 됩니다. 우체국 방문이 여의치 않다면 인터넷 우체국을 통해 온라인으로도 발송 가능합니다. 중요한 것은 내용증명 접수증과 발송 기록을 확보해 두는 것이며, 상대방이 언제 수령했는지도 확인할 수 있어야 합니다. 이 같은 공적 기록은 향후 법정에서 결정적인 증거가 될 수 있습니다.

이렇게 내용증명을 보내면 '상대방이 언제 어떤 내용을 알게 됐는가'를 명백히 밝힐 수 있습니다. 임차인이 "계약 만료 사실을 몰랐다"라거나 "퇴거요청을 듣지 못했다"라고 주장하더라도, 내용증명 발송 사실이 분쟁 해결에 확실한 근거가 된다는 입니다. 이 문서를 받고 나서 심리적 압박을 느낀 임차인이 자진 퇴거를 선택해 소송 없이 문제를 해결하는 상황도 상당합니다.

다시 강조하지만, 이 과정을 진행하는 데 있어 가장 중요한 점은 사실관계를 정확히 기재하고, 협박성 표현이나 감정적 문구를 쓰지 않는 것입니다. 발송 후에도 협상이 가능할 여지를 남겨두어, 법적 절차가 언제든 개시될 수 있음을 분명히 하는 태도가 필요합니다.

명도소송 전 내용증명을 발송함으로써 임차인에게 공식적으로 퇴거를 요구하고, 임대차 계약 만료 사실을 공인된 방식으로 전달하는 것은 추후 법적 분쟁을 대비하는 핵심 전략입니다. 적절한 내용증명을 통해 협상을 유도하면 소송 없이도 갈등이 해소될 수 있고, 부득이 소송이 불가피할 때도 증거력을 확보해 소송 진행 과정을 효율적으로 이끌어갈 수 있습니다.

Q **만약 내용증명을 보냈는데도 불구하고 임차인이 퇴거를 거부하면 요?**

A 명도소송과 강제집행을 고려해야 합니다. 이때는 법률해석이나 절차가 복잡할 수 있으므로, 숙련된 법률 전문가의 조언을 받아 신속하고 정확하게 조치하는 것이 좋습니다. 궁극적으로 분쟁의 초기 단계에서 전문 상담을 받는 것이 시간과 비용을 최소화하는 확실한 방안이라고 할 수 있습니다.

07

공실인 오피스텔은
주택일까?

다른 주택 없이 오피스텔만 보유하면서 그 오피스텔을 주거용으로 사용하면 1세대 1주택에 대한 양도소득세 비과세 혜택을 받을 수 있습니다. 그러나 이미 다른 주택이 있는 경우에는 오피스텔을 매입해서 주거용으로 사용하면 1세대 2주택에 해당되어 양도소득세를 납부해야 합니다.

반면 사업자등록을 하고 업무용으로 사용하던 오피스텔을 팔 때에는 그 건물분에 대한 세금계산서를 발행하고, 토지분에 대해서는 계산서를 발행해야 합니다. (세금계산서를 발행한 건물분에 대해서는 폐업신고와 함께 부가가치세를 신고하고 납부해야 합니다.) 그리고 업무용 오피스텔을 양도하면 다른 주택의 보유 여부와 관계없이 양도차익

부동산 임대가 처음이라면

에 대해 양도소득세를 내야 합니다.

> **Q** 양도하는 날 기준으로 공실인 오피스텔은 주택으로 보나요?

> **A** 양도일 현재 공실로 보유하는 오피스텔의 경우, 내부 시설 및 구조 등을 주거용으로 사용할 수 있도록 변경하지 않고, 건축법상의 업무용으로 사용 승인된 형태를 유지하고 있으면 주택으로 보지 않습니다.

하지만 내부 시설 및 구조 등을 주거용으로 변경하여 언제든지 주거용으로 사용 가능한 경우에는 주택으로 봅니다.

오피스텔을 양도할 때는 공부(公簿)상의 용도와 관계없이 실제로 사용한 용도에 따라 과세 여부를 판단하므로, 건물을 공부상의 용도와 다르게 사용하고 있는 경우라면 나중에 그것을 입증하기 위해서 내부 시설이나 구조 변경과 관련된 자료를 챙겨두는 것이 좋습니다. (공부상으로는 업무용 건물이지만 실제 주택으로 사용했다면, 그 사실을 입증하기 위해서 건물 내부의 모습을 촬영해두거나, 그 건물로 주민등록을 옮겨놓는 것도 방법이 될 수 있습니다.)

> **Q** 그렇다면 오피스텔을 임대할 때도 실질과세의 원칙에 따라 세금이 부과되는 건가요?

> **A** 맞습니다. 오피스텔을 세입자가 상시 주거용으로 사용하면 주택임대소득으로, 주거용이 아니라면 상가임대소득으로 과세합니다.

세법은 실질 용도로 주택 여부를 판정합니다. 그래서 오피스텔이 주거용으로 사용된다면 주택에 해당합니다. 오피스텔을 주거용으로 임대하면 부가가치세를 면제합니다. 원래 주택임대에 대해서는 부가가치세를 부과하지 않기 때문입니다.

1주택을 보유한 사람이 주거용 오피스텔을 하나 더 보유하면 2주택자가 됩니다. 따라서 주거용 오피스텔을 양도하면 원칙적으로 주택에 대한 양도소득세 과세체계를 따라야 합니다.

그런데 오피스텔과 관련해 중요한 문제가 있습니다. 당초 분양받을 당시 오피스텔에 대한 부가가치세는 업무용 시설로 보아 환급을 받을 수 있었습니다. 하지만 이를 부가가치세가 부과되지 않는 사업(거주용 임대)에 사용하면 애초에 환급받은 부가가치세를 반납해야 한다는 사실입니다.

Q **그렇다면 주거용으로 임대한 후에 다시 사업용 (임차인이 사업자 등록을 하면)으로 사용된다면, 반납한 부가가치세를 다시 환급받을 수 있는지 궁금합니다.**

A 이에 대해 최근 공제를 받을 수 있는 규정이 신설되어 이를 돌려받을 수 있게 됐습니다.

오피스텔을 임대하는 사람들은 대게 일반과세자입니다. 이들은 사업자등록을 한 뒤 분양받을 때 냈던 금액 중 부가가치세를 환급받습니다. 그리고 매년 두 번의 부가가치세 신고·납부와 한 번의 소득세 신고를 해야 합니다.

Q 급하게 자금이 필요해 임대하고 있던 점포를 팔아야 할 것 같습니다. 이 과정에서 세금 문제는 어떤 걸 신경 써야 하나요?

A 먼저 폐업신고와 함께 그동안 임대소득에 대한 부가가치세와 이번 양도에 따른 부가가치세를 정리해야 합니다. 물론 임대사업자에게 '포괄양수도 방식'으로 매매하면 양도에 따른 부가가치세는 없습니다. 포괄양수도란 해당 사업에 관한 모든 권리와 의무를 포괄적으로 승계시키는 것을 말합니다. 한편 소득세는 내년 5월 중에 신고해야 합니다.

Q 양도에 대한 부가가치세는 얼마나 나오나요? 오피스텔을 산 지 10년이 넘으면 부가가치세가 없다고 들었는데요.

A 오피스텔을 면세로 전용한 경우와 양도한 경우 부가가치세가 부과되는 형태가 다릅니다. 오피스텔을 보유한 대다수 사람이 이를 알지 못해 세금을 물게 됩니다.

분양받을 때 부가가치세를 환급받고 본인이 사용(면세로 전용)하면 당초 환급받은 세액 중 사업과 관련 없는 부가가치세는 납부해야 합니다. 이런 제도를 운영하는 기간은 분양 후 10년으로, 이 보유 기간이 지나면 본인이 사용하더라도 부가가치세가 부과되지 않습니다.

그러나 주거용이 아닌 사무용으로 사용되는 오피스텔을 팔게 되면 재화가 공급될 때마다 부가가치세가 부과된다는 원리에 따라 토지를 제외한 건물 가격의 10%가 부가가치세로 부과됩니다.

Q 난감하네요. 부가가치세가 있는 줄도 모르고 양도소득세만 생각하고 모든 세금은 파는 사람, 제가 부담한다고 계약서를 작성했습니다.

A 같은 임대사업을 하지 않지만, 오피스텔을 사업장으로 사용하는 부가가치세를 환급받을 수 있습니다.

거래한 금액 중 토지와 건물을 기준시가로 안분해서 건물 가격을 도출해 낸 다음 그 건물 가격의 10%를 부가가치세로 산정해, 그 부가가치세만큼 추가로 임차인에게 받아 세금으로 내면 됩니다. 단, 사업장 주소 앞으로 세금계산서를 끊게 되면 임차인도 다시 부가가치세를 환급받으면 되므로 서로에게 아무런 피해 없이 원만하게 마무리가 됩니다.

08

용도변경 신청 시 발생한 비용,
누가 부담해야 하나?

상가 임대를 하다 보면 건축물 대장상 용도변경이 필요한 경우가 종
종 생깁니다. 상가 용도변경이란 기존의 허가받은 상가 건물의 용도
를 필요에 따라 다른 용도로 변경하는 것을 말합니다. 다음 표를 참
고합시다. 하위시설군에서 상위시설군으로 변경할 때, 다시 말해 위
표 9번 → 1번으로 변경할 때는 허가가 필요하고 상위시설군에서 하
위시설군으로 변경할 때, 다시 말해 1번 → 9번으로 변경할 때는 신
고를 하면 됩니다. 그리고 동일 시설군 내 변경은 기재내용변경 신청
만 하면 됩니다. 예를 들어 현재 건축물대장 상 공장으로 되어있는
용도를 자동차 관련 시설로 바꿀 때는 허가가 필요하며 공장에서 근
린생활시설로 변경할 때는 신고만 하면 됩니다.

시설군	용도 분류
1. 자동차 관련 시설	자동차 관련 시설
2. 산업 시설군	운수시설, 창고시설, 공장, 위험물저장 및 처리시설, 분뇨 및 쓰레기 처리시설, 묘지 관련 시설, 장례식장
3. 전기통신 시설군	방송시설, 발전시설
4. 문화집회 시설군	문화 및 집회시설, 종교시설, 위락시설, 관광 휴게 시설
5. 영업 시설군	판매시설, 운동시설, 숙박시설, 고시원
6. 교육 및 지 시설군	의료시설, 교육연구시설, 노유자시설, 수련시설
7. 근린생활 시설군	제1종 근린생활시설, 제2종 근린생활시설
8. 주거업무 시설군	단독주택, 공동주택, 업무시설
9. 그 밖의 시설군	동물 및 식물 관련 시설

또, 1종 근린생활시설에서 2종 근린생활시설로 변경할 경우 기재 내용 변경신청만 하면 됩니다. 같은 시설군 내에서 변경은 별도의 허가나 신고 절차 없이 기재 내용 변경신청만 하면 되지만, 기재내용변경 신청을 할 때도 평수에 따라서는 허가가 필요할 수도 있으며 국토의 계획 및 이용에 관한 법률이나 기타 관계 법령에 따라 건물 내 수선해야 할 부분이 생길 수도 있습니다.

예를 들어 상가를 식당에서 사무실로 변경한다거나 공장을 창고 또는 사무실로 변경할 때, 그리고 현재 용도는 제1종 근린생활시설 (판매시설)로 되어있으나 신규 임차인이 학원을 운영하려는 경우 제2종 근린생활시설(학원)로 기재 내용 변경해야 하는 경우입니다. 구청에 용도변경신청을 하면 용도변경이 쉽게 될 수도 있지만, 그렇지 않은 경우도 많습니다. 용도변경으로 인해 건축법 등 법률에 부합하는 조건이어야 용도변경신청 후 용도변경이 반영됩니다. 그래서 용도변경신청을 했는데 건축사 사무소를 통해 건물 도면을 새로 만들어야 한다든지, 방화 창문을 설치해야 한다든지, 정화조 용량이 변경되어야 한다든지 등 여러 가지 변수가 발생해서 비용이 발생하게 되는 경우가 많습니다.

Q　용도변경 신청을 하는데 발생하는 건물 내 수선 비용 또는 발생하는 비용은 건물주가 부담해야 하나요? 임차인이 부담해야 하나요?

A　처음에 계약하기 전부터 건축물대장 용도변경이 필요한 경우 반드시 얘기하고 계약서 특약으로 기재하고 계약을 해야 합니다. 그렇게 하지 않고 추후 비용이 크게 발생하게 되면 임대인과 임차인의 다툼으로 이어지고 계약파기에까지 이르기도 합니다. 원칙은 세입자가 부담하는 게 맞습니다. 그 이유는 현재 용도를 세입자 본인의 필요에 의해 바꿨기 때문입니다. 세입자가 그곳에 원하는 업종을 하기 위하는 것인 만큼 그 업종을 운영할 수 있도록 들어가는 비용은 세입자가 부담해야 합니다.

또한, 건축물대장 용도변경 신청도 건물주의 위임장을 받아 세입자가 신청해야 합니다. 건물주는 필요한 서류만 제공해주면 됩니다. 세입자의 상가 영업에 따라 주도적으로 진행해야 하는 부분인 만큼 계약 전에 반드시 짚고 넘어가야 합니다. 만약 건물주가 용도변경에 들어가는 비용부담을 들인다면 어떨까요? 만약 건물주가 임차인 요구에 따라 비용을 들여 건물을 수선하고 용도변경을 해두었는데 갑자기 세입자가 계약을 안 한다고 하거나 계약파기를 하게 되면 이에 따른 손해배상 결국 소송을 통해 돌려받아야 합니다.

다만, 건물주가 공실 상태가 길어지고 세입자가 계약을 원하는데 용도변경 관련해서 비용이 드는 것을 조금 도와주거나 반반 부담 등 협의해서 진행할 수도 있습니다. 결국에는 건물주도 빨리 계약을 하고 월세를 받는 것이 이득이기 때문이죠. 건물주가 상가의 가치를 높이거나 임대 업종을 고려해서 하는 때는 건물주가 비용부담을 하고 세입자의 사업에 의한 용도변경은 세입자가 부담하는 것이 원칙이지만, 실무상 건물주와 협의가 잘 된다면 건물주도 어느 정도 부담하는 때도 있습니다.

Q **용도변경 또는 기재 내용 변경 신청할 때 건물 내 수선해야 하는 부분이나 발생하는 비용들을 미리 알고 싶은데 어떻게 해야 하나요?**

A 우선 계약하기 전 용도 변경 허가, 신고, 기재내용변경 신청이 가능한지 시청 또는 구청에 확인부터 해야 합니다. 가능하다면 관련 법에 따라 어떤 부분을 수선해야 하는지 구청에 물어보고 미리 발생할 것 같은 비용을 산정해봐야 합니다. 관할 시청 또는 구청 관계 부서에서 건축법과 관계되는 법령을 검토 후 허가 또는 신고가 수리되며 지역마다 건축 관련 법규와 규제는 다릅니다. 그러므로 건축사 사무실을 통해 알아보는 것도 좋습니다. 하수도 원인자부담금, 정화조 증설, 소방설비 등의 추가 비용이 많이 나올 수 있으니 미리 용도변경에 들어가는 비용을 알아보는 것이 제일 중요하고 비용부담 특약을 꼭 계약 전에 미리 정해두어야 합니다.

09

임차인이 사업자등록을 하지 않았는데도, 세금계산서를 발급해야 하나?

Q 임차인이 사업자등록을 하지 않았는데도, 세금계산서를 발급해야 하나요?

A 상가 임대사업자가 일반과세 사업자일 경우 무조건 세금계산서 발급을 해야 합니다. 만약 세금계산서 발급을 하지 않으면 이에 대한 가산세가 부과됩니다. 심지어 임차인이 사업자등록을 하지 않은 비사업자일 때도 주민등록번호를 기재해 세금계산서를 발급하는 것이 원칙입니다.

Q 세금계산서 작성연월일은 언제를 기준으로 하나요?

A 세금계산서 작성연월일은 임대용역의 공급시기를 의미합니다. 세법에서는 '임대료를 받기로 한 날'을 공급시기로 봅니다. 따라서 계약서상에 기재된 날에 맞춰 세금계산서를 발급해야 합니다. 예를 들어 매달 25일 날짜에 임대료를 받기로 계약서상에 기재했다면, 입금이 30일에 되더라도 25일을 기준으로 세금계산서를 발급해야 합니다.

그리고 직전연도 임대료가 8,000만 원이 넘는 개인사업자는 전자적 방법으로 세금계산서를 발급해야 합니다. 또한, 전자세금계산서는 발급일의 다음 날까지 거래상대방에게 전송해야 합니다. 이를 어기면 가산세가 부과되니 주의해야 합니다.

Q 1년간 임대 중에 임대료 5개월분을 받지 못했습니다. 이를 제외하고 부가세 신고를 해도 되나요?

A 사업자가 재화 또는 용역을 공급하는 경우 대가 수령 여부에 상관없이 공급시기는 재화 또는 용역을 공급하는 때입니다. 따라서 12개월 임대수입에 전체에 대해 부가가치세 신고를 해야 합니다.

Q 임차인과 계약은 2025년 3월까지입니다. 그런데 임차인 개인적인 이유로 2024년 12월에 폐업신고를 하고 더는 사업을 하지 않고 있습니다. 2025년 1월, 2월, 3월 임대료는 보증금에서 제외할 예정입니다. 세금계산서를 모두 발급해야 하나요?

A 임차인이 폐업신고를 했으므로, 2025년 1월, 2월, 3월 임대료에 대해서는 사업자등록번호가 아닌 임차인 주민등록번호로 세금계산서를 발급해야 합니다.

Q 1년 치 임대료를 선급금으로 받았습니다. 이럴 때 세금계산서는 어떻게 발급해야 하나요?

A 사업자가 둘 이상의 과세기간에 걸쳐 부동산 임대용역을 공급하고 그 대가를 선급이나 후급으로 받을 때는, 다음과 같이 해당 금액을 계약 기간의 개월 수로 나눈 금액의 각 과세대상 기간의 합계액을 공급가액으로 합니다.

> • 과세표준 = 선급 임대료 × 각 과세기간 월수/계약 기간 월수

Q 일반과세 사업자이며 현재 상가를 식당으로 임대 중인데, 임대차 계약 시 부가세에 대한 언급 없이 월 50만 원을 받기로 했습니다. 부가세는 당연히 별도로 있는 것으로 알고 계약서에 이 내용을 쓰지 않았는데, 간이과세 사업자인 임차인은 부가세를 따로 내지 않겠다고 합니다. 계약서에 부가세 표시가 되어있지 않으면 누가 부담해야 하는건가요?

A 부동산 임대계약서상 월세에 대한 공급가액과 부가세액이 별도 표시가 되어있지 않거나, 또는 부가가치세가 포함되어 있는지 불분명한 경우에는 거래금액의 10/110에 상당하는 금액을 당해 공급에 대한 부가가치세로 거래 징수한 것으로 봐 부가가치세를 신고·납

부해야 합니다. 따라서 임대인인 건물주가 부담해야 합니다. 부가가치세 신고 시 다음과 같이 4만 5,455원을 부가가치세로 보고 나머지 금액 45만 4,545원을 공급가액으로 봅니다.

- 부가가치세 = 공급대가 × 10/110 = 50만 원 × 10/110
      = 4만 5,455원

이런 문제를 미리 예방하기 위해서는 월세 50만 원에 부가가치세를 별도로 구분해서 거래 징수할 것인지 또는 거래금액에 포함해서 거래 징수할 것인지 사전에 결정해서 임대차 계약서에 반영해야 합니다.

10

성실신고확인제도란
무엇인가?

개인사업자라면 1년 동안 벌어들인 소득에 대해 다음 연도 5월에 종합소득세 신고를 해야 합니다. 그러나 6월에 하는 사업자도 있습니다. 1년 동안 매출이 많이 발생해 세법에서 정한 기준을 초과했다면, 5월이 아닌 6월에 신고해야 합니다. 사업 규모가 큰 사업자라면 성실신고확인이라는 것을 받아야 하기 때문입니다.

이런 사업자를 '성실신고확인대상자'라고 합니다. 마치 외부감사인이 재무제표에 대해 감사를 하는 것처럼 세무대리인이 반드시 부동산임대수입과 비용에 대해 건별로 이를 검증하는 제도를 '성실신고확인제도'라고 합니다. 만약 이런 업무를 성실하게 이행하지 않으면 사업자에게는 가산세가 부과되고, 세무대리인에게는 업무 정지 같은 징계가 뒤따릅니다. 이에 대한 적용기준은 전년도 수입금액을 기준으로 합니다. 부동산임대업을 하는 개인사업자 수입금액이 5억 원 이상이 되면 성실신고확인제도를 적용받게 됩니다. 기준금액은 어떤 사업을 하느냐에 따라 다릅니다. 그 기준금액은 다음과 같습니다.

업종별 성실신고확인대상 기준수입금액

업종	과세기간 수입금액
(가) 농업·임업 및 어업, 광업, 도매 및 소매업(상품중개업 제외), 부동산매매업, 그 밖에 (나) 및 (다)에 해당하지 않는 사업	15억 원
(나) 제조업, 숙박 및 음식점업, 전기·가스·증기 및 공기조절 공급업, 수도·하수·폐기물처리·원료재생업, 건설업(비주거용 건무 건설업은 제외, 주거용 건물 개발 및 공급업을 포함), 운수업 및 창고업, 정보통신업, 금융 및 보험업, 상품중개업	7억 5,000만 원
(다) 부동산임대업, 부동산업(부동산매매업 제외), 전문·과학 및 기술서비스업, 사업시설관리·사업지원 및 임대서비스업, 교육서비스업, 보건업 및 사회복지서비스업, 예술·스포츠 및 여가 관련 서비스업, 협회 및 단체, 수리 및 기타 개인서비스업, 가구 내 고용활동업	5억 원

Q 지난해 숙박업을 운영해 7억 원의 수입금액이 생겼고, 상가 임대수익으로 1억 원을 벌었습니다. 저와 같이 둘 이상의 업종을 겸영하거나 사업장이 둘인 경우라면 성실신고확인대상자 구분을 어떻게 하나요?

A 이런 경우 매출이 큰 '주된 업종'을 기준으로 수입금액을 환산합니다. 주된 업종의 수입금액이 성실신고확인대상이 되는 기준금액에 못 미치더라도 그 밖의 업종 수입금액환산액을 합한 금액이 기준금액을 넘으면 성실신고확인 대상이 되는 것입니다. 그 밖의 업종 수

160

입금액은 주된 업종 수입금액으로 환산하는 다음처럼 별도의 계산
식을 적용해서 계산합니다.

> • 성실신고확인대상 수입금액 기준 환산 적용 방법
> 주업종(수입이 큰 업종)의 수입금액 + 주업종 외 업종의 수입금액 ×
> 주업종의 기준수입금액/주업종 외 업종의 기준수입금액

지난해 숙박업으로 7억 원의 수입금액이 생겼고, 상가 임대수익
으로 1억 원을 벌었다면, 숙박업 수입금액만 보면 7억 원으로 7억
5,000만 원인 성실신고확인대상 기준에 못 미칩니다.

하지만 겸영하고 있던 부동산임대업에서 수입금 1억 원을 벌었
고, 이것을 숙박업 수입금액으로 환산하면 1억 5,000만 원이 되고,
이것을 주업종 수입금액 7억 원에 더하면 다음과 같이 총 수입금액
은 8억 5,000만 원으로 성실신고확인대상으로 구분됩니다.

• 주업종의 수입금액 + 주업종 외 업종의 수입금액 × 주업종의
기준수입금액/주업종 외 업종의 기준수입금액 = 7억 원 + 1억 원 ×
7억 5,000만 원/5억 원 = 8억 5,000만 원

Q 작년 6월 상가 임대사업을 개시해 수입금액 6억 원이 발생했습니
다. 성실신고확인대상인가요?

A 신규사업자도 부동산임대업 기준금액 5억 원 이상이면 성실신고
확인대상자에 해당합니다.

Q 공동사업자는 어떻게 판정하나요?

A 공동사업장은 공동사업장 총 수입금액을 기준으로 판정합니다. 다시 말해 지분율로 판단하지 않는다는 말입니다.

여기서 잠깐! 성실신고확인대상자가 되면 종합소득세 신고서가 성실하게 작성됐는지 세무대리인에게 한 번 더 확인받아야 합니다. 종합소득세 신고서뿐 아니라 성실신고확인서도 제출해야 합니다. 이때 확인하는 세무대리인에게 추가로 확인비용을 지출해야 합니다. 이런 이유로 성실신고확인대상자는 종합소득세 신고기한을 5월 말에서 6월 말까지로 한 달 더 연장해주고 성실신고확인비용도 보전해 줍니다. 세무대리인에게 지급하는 성실신고확인비용의 60%를 최대 120만 원까지 세액공제 받을 수 있고, 남은 비용은 경비로 처리할 수 있습니다.

이 밖에도 일반 직장인이 연말정산을 할 때처럼 의료비 세액공제, 교육비 세액공제, 월세 세액공제를 받을 수 있습니다. 의료비 세액공제는 사업소득 3%를 초과한 부분에 대해 공제받을 수 있고, 공제대상 의료비의 최대 700만 원까지 세액공제를 받습니다. 교육비와 월세에 대해서도 직장인과 동일하게 세액공제 받을 수 있습니다. 다음 표를 참고합시다.

신고 기간 연장	일반적으로 종합소득세 신고는 5월 31일까지입니다. 그러나 성실신고확인대상자는 1달이라는 기간을 더 줘서 6월 30일까지 신고·납부합니다.
성실신고 확인비용 세액공제	성실신고확인대상 사업자가 성실신고확인신고를 제대로 이행하면 그와 관련된 비용의 60%(120만 원 한도)를 세금에서 공제해줍니다.
의료비 등 세액공제	성실신고확인대상 사업자가 성실신고를 제대로 이행하면 일반 개인사업자는 받을 수 없는 의료비·교육비·월세 세액공제를 적용받을 수 있습니다.

11

상가 양도소득세 이렇게
계산한다

Q 상가 등기부등본과 건물대장 등을 확인해보니, 다음과 같습니다. 이
상가를 팔면 양도소득세가 얼마나 나올까요?

· 물건소재지: 서울 00구 00동 00번지

· 취득연도: 2017년 1월

· 양도 예정 연도: 2022년 10월

· 실제 취득가 (취득세 등 포함) : 5억 5,000만 원

· 일괄 양도 예정가: 8억 5,000만 원 (부가가치세 불포함)

· 연면적: 건물 100㎡, 대지 50㎡

· 취득연도 공시지가: 200만 원/㎡당

- 양도연도 공시지가: 400만 원/㎡당
- 취득 시 상가 건물의 기준시가: 2억 원
- 양도 시 상가 건물의 기준시가: 3억 원
- 기타 필요경비는 토지와 건물에 대해 각각 1,000만 원이 발생

 상가는 양도소득금액을 건물과 토지 부분으로 나눠 계산해야 합니다. 건물과 토지는 성격이 다른 부동산으로 구분될 뿐 아니라, 취득 시기가 다른 경우 장기보유 특별공제액이 달라질 수 있기 때문입니다. 또 건물에 대해서만 부가가치세가 부과되므로 이래저래 건물과 토지분을 나눌 필요가 있습니다. 그런데 위 자료를 보면 공급가액이 건물과 토지분으로 나눠 있지 않으므로 양도 및 취득 시의 기준시가 (감정가액이 있는 경우 감정가액이 우선) 비율로 안분 계산해야 합니다.

1. 양도 시 공급가액의 안분
- 양도 시 건물 공급가액: 일괄 공급가액 × [양도 시 건물 기준시가/(양도 시 토지 기준시가 + 양도 시 건물 기준시가)] = 8억 5,000만 원 × [3억 원/(2억 원 + 3억 원)] = 5억 1,000만 원
- 양도 시 토지 공급가액 = 8억 5,000만 원 - 5억 1,000만 원 = 3억 4,000만 원

2. 취득 시 공급가액의 안분
- 취득 시 건물 공급가액: 일괄 공급가액 × [취득 시 건물 기준시가/

(취득 시 토지 기준시가 + 취득 시 건물 기준시가)] = 5억 5,000만 원 ×
[2억 원/(1억 원 + 2억 원)] = 3억 6,666만 6,667원
· 취득 시 토지 공급가액 = 5억 5,000만 원 – 3억 6,666만 6,667원
= 1억 8,333만 3,333원

이 정보를 바탕으로 상가 양도에 대한 양도소득세를 계산하면 다음과 같습니다.(5년 이상 보유했으므로 장기보유 특별공제율은 10% 적용)

항목	건물	토지	계
양도가액 취득가액 기타 필요경비	5억 1,000만 원 3억 6,666만 6,667원 1,000만 원	3억 4,000만 원 1억 8,333만 3,333원 1,000만 원	8억 5,000만 원 5억 5,000만 원 2,000만 원
양도차익	1억 3,333만 3,333원	1억 4,666만 6,667원	2억 8,000만 원
장기보유 특별공제	1,333만 3.333원	1,466만 6,667원	2,800만 원
양도소득금액	1억 2,000만 원	1억 3,200만 원	2억 5,200만 원
기본공제			250만 원
과세표준			2억 4,950만 원
산출세액(38%)			7,541만 원
세액공제			0원
결정세액			7,541만 원
납부세액(지방소 득세 10% 포함)			8,295만 1,000원

여기서 부가가치세는 상가를 양도한 사업자가 상가 건물을 산 사람에게 따로 건물 가격의 10%를 받아 국세청에 납부해야 하는 세금입니다.

Q 그럼 위 사례에서는 얼마를 매수인에게 받아야 하나요?

A 결론부터 말하면 상가 부가가치세는 건물 가격에 대해서만 부과됩니다. 8억 5,000만 원 중 건물분으로 계산된 5억 1,000만 원의 10%인 5,100만 원이 부가가치세입니다. 이렇게 따진다면 위 거래 금액은 부가가치세를 포함한 9억 100만 원으로 뛰게 됩니다.

참고로 이때 부가가치세를 개입시키지 않으려면 양도자와 양수자가 포괄 양수도 계약을 맺으면 됩니다. 이는 사업에 관련 일체의 권리·의무를 양수자에게 넘긴다는 계약 형태로 양도자가 폐업신고 시 관할 세무서에 계약서 사본을 제출해야 합니다.

또 계약할 때는 반드시 계약서에 '부가가치세는 건물을 사는 사람이 부담한다'라고 기재해 둬야 합니다. 자칫 '모든 세금은 파는 사람이 부담한다'라고 하면 거래금액 일부를 세금으로 갖다 바쳐야 하는 결과를 맞게 될 수도 있기 때문입니다.

부동산 임대가 처음이라면

초판 1쇄 인쇄	2025년 4월 23일
초판 1쇄 발행	2025년 4월 30일

지은이	오봉원
펴낸이	곽철식
디자인	임경선
마케팅	박미애

펴낸곳	다온북스
출판등록	2011년 8월 18일 제311-2011-44호

주 소	서울시 마포구 토정로 222 한국출판콘텐츠센터 313호
전 화	02-332-4972
팩 스	02-332-4872
이메일	daonb@naver.com

ISBN 979-11-93035-65-8(03410)

• 이 책은 저작권법에 따라 보호를받는 저작물이므로 무단복제와 전제를 금하며,
  이 책의 전부 또는 일부 내용을 사용하려면 반드시 저작권자와 다온북스의 서면 동의를 받아야 합니다.
• 잘못되거나 파손된 책은 구입한 서점에서 교환해 드립니다.
• 다온북스는 여러분의 아이디어와 원고 투고를 기다리고 있습니다.
  책으로 만들고자 하는 기획이나 원고가 있다면, 언제든 다온북스의 문을 두드려 주세요.